utb 4915

**Eine Arbeitsgemeinschaft der Verlage**

Brill | Schöningh – Fink · Paderborn
Brill | Vandenhoeck & Ruprecht · Göttingen – Böhlau · Wien · Köln
Verlag Barbara Budrich · Opladen · Toronto
facultas · Wien
Haupt Verlag · Bern
Verlag Julius Klinkhardt · Bad Heilbrunn
Mohr Siebeck · Tübingen
Narr Francke Attempto Verlag – expert verlag · Tübingen
Psychiatrie Verlag · Köln
Ernst Reinhardt Verlag · München
transcript Verlag · Bielefeld
Verlag Eugen Ulmer · Stuttgart
UVK Verlag · München
Waxmann · Münster · New York
wbv Publikation · Bielefeld
Wochenschau Verlag · Frankfurt am Main

**Prof. Dr. Andreas Behr** lehrt Statistik an der Universität Duisburg-Essen.

**Prof. Dr. Götz Rohwer** lehrte an der Ruhr-Universität Bochum.

Andreas Behr / Götz Rohwer

# Grundwissen
# Induktive Statistik

mit Aufgaben, Klausuren und Lösungen

2., überarbeitete und erweiterte Auflage

UVK Verlag · München

Umschlagabbildung: © ChayTee · iStockphoto
Autorenbild Behr: © privat
Autorenbild Rohwer: © privat

Bibliografische Information der Deutschen Nationalbibliothek
Die Deutsche Nationalbibliothek verzeichnet diese Publikation in der
Deutschen Nationalbibliografie; detaillierte bibliografische Daten sind im
Internet über http://dnb.dnb.de abrufbar.

2., überarbeitete und erweiterte Auflage 2024
1. Auflage 2018

DOI: https://doi.org/10.36198/9783838561769

© UVK Verlag 2024
– ein Unternehmen der Narr Francke Attempto Verlag GmbH + Co. KG
Dischingerweg 5 · D-72070 Tübingen

Das Werk einschließlich aller seiner Teile ist urheberrechtlich geschützt.
Jede Verwertung außerhalb der engen Grenzen des Urheberrechtsgesetzes
ist ohne Zustimmung des Verlages unzulässig und strafbar. Das gilt insbesondere für Vervielfältigungen, Übersetzungen, Mikroverfilmungen und
die Einspeicherung und Verarbeitung in elektronischen Systemen.

Alle Informationen in diesem Buch wurden mit großer Sorgfalt erstellt.
Fehler können dennoch nicht völlig ausgeschlossen werden. Weder Verlag noch Autor:innen oder Herausgeber:innen übernehmen deshalb eine
Gewährleistung für die Korrektheit des Inhaltes und haften nicht für
fehlerhafte Angaben und deren Folgen. Diese Publikation enthält gegebenenfalls Links zu externen Inhalten Dritter, auf die weder Verlag noch
Autor:innen oder Herausgeber:innen Einfluss haben. Für die Inhalte der
verlinkten Seiten sind stets die jeweiligen Anbieter oder Betreibenden der
Seiten verantwortlich.

Internet: www.narr.de
eMail: info@narr.de

Einbandgestaltung: siegel konzeption | gestaltung
CPI books GmbH, Leck

utb-Nr. 4915
ISBN 978-3-8252-6176-4 (Print)
ISBN 978-3-8385-6176-9 (ePDF)

## Vorwort zur zweiten Auflage

Für die zweite Auflage wurden im Text Korrekturen vorgenommen. Im Anhang wurden für die Überprüfung des Lernstands und die Klausurvorbereitung vier Übungsklausuren mit Lösungshinweisen ergänzt.

Andreas Behr November 2023

**Digitale Zusatzmaterialien**
Die im Text verwendeten Daten können Sie unter *www.utb.de* auf Titelebene des Buches bei *Bonus-Material* herunterladen.

# Vorwort zur ersten Auflage

Man unterscheidet deskriptive und induktive Statistik. In der deskriptiven Statistik geht es darum, Daten – also Informationen über reale Sachverhalte – so darzustellen, dass ihr Informationsgehalt (im Hinblick auf eine vorausgesetzte Fragestellung) möglichst gut sichtbar wird. Worum es in der induktiven Statistik geht, lässt sich nicht auf eine vergleichbar einfache Weise sagen. Denn ihre Begriffe und Methoden werden in unterschiedlichen Kontexten für unterschiedliche Fragen verwendet. Im Unterschied zu Einführungen in die induktive Statistik, die sich an abstrakten Überlegungen der mathematischen Statistik orientieren, beziehen wir uns deshalb in dieser Einführung explizit auf unterschiedliche Kontexte. Bei der Auswahl dieser Kontexte und von Beispielen denken wir in erster Linie an Studierende der Wirtschafts- und Sozialwissenschaften.

a) In den ersten vier Kapiteln beschäftigen wir uns mit artifiziellen Zufallsgeneratoren wie beispielsweise Würfeln oder Ziehen von Kugeln aus Urnen. Dieser Kontext eignet sich gut, um den Begriff einer Zufallsvariablen und weitere Grundbegriffe der Wahrscheinlichkeitsrechnung zu erläutern. Für die induktive Statistik geht es in diesem Kontext um die Frage, wie man ausgehend von beobachteten Realisationen eines Zufallsgenerators zu Aussagen über seine Funktionsweise gelangen kann.

b) In zwei weiteren Kapiteln beschäftigen wir uns mit Stichproben aus realen Grundgesamtheiten, beispielsweise aus einer Gesamtheit von Menschen, die in einem bestimmten Gebiet zu einer bestimmten Zeit leben. Eine zentrale Frage ist dann, ob bzw. wie man ausgehend von Informationen aus einer Stichprobe zu verallgemeinernden Aussagen über die Grundgesamtheit gelangen kann. Ein verbreiteter Ansatz der induktiven Statistik besteht in diesem Kontext darin, artifizielle Zufallsgeneratoren zur Generierung von Zufallsstichproben zu verwenden. Eine solche Zufallsstichprobe besteht jedoch zunächst nur aus einer Liste der jeweils zufällig ausgewählten Elemente der Grundgesamtheit und liefert nicht bereits Daten. Die Möglichkeit, zu verallgemeinernden Aussagen über Merkmalsverteilungen in der Grundgesamtheit zu gelangen, hängt deshalb wesentlich davon ab, inwieweit man die interessierenden Merkmale für alle ausgewählten Elemente ermitteln kann.

c) In einem weiteren Kontext werden Konzepte der induktiven Statistik verwendet, um Beschreibungen von Daten zu erzeugen; wir sprechen von 'deskriptiven Modellen'. Wir besprechen den theoretischen Ansatz im 7. Kapitel um zu zeigen, wie Methoden zum „Schätzen" von Wahrscheinlichkeitsverteilungen auch für deskriptive Zwecke verwendet werden können. In diesem Kontext besprechen wir auch eine alternative Interpretation der Maximum-Likelihood-Methode.

d) Schließlich besteht ein in den Wirtschafts- und Sozialwissenschaften wichtiger Kontext für Methoden der induktiven Statistik darin, probabilistische Regeln zu finden, die allgemein folgende Form haben: Wenn die Bedingungen ... gegeben sind, dann wird *wahrscheinlich* ... der Fall sein. Jeder kennt viele Regeln dieser Art, die für eine Orientierung im praktischen Leben unerlässlich sind. Methoden der induktiven Statistik werden in diesem Kontext relevant, wenn sich die Aufgabe stellt, Wahrscheinlichkeiten für die Dann-Aussage der Regel zu quantifizieren. Ob bzw. wie das möglich ist, hängt von der Art der Prozesse ab, auf die sich die Regel bezieht. Zum Beispiel lassen sich probabilistische Regeln für artifizielle Zufallsgeneratoren sehr gut quantifizieren. Ähnlich gut gelingt es bei Ereignissen, die im Rahmen institutionalisierter Ablaufschemas eintreten (z.B. Regeln für Warteschlangen an Supermarktkassen oder in Telefonzentralen). Schwieriger ist es bei Ereignissen wie beispielsweise 'arbeitslos werden' oder 'einen neuen Job finden'. In den Wirtschafts- und Sozialwissenschaften werden zur Ermittlung probabilistischer Regeln vornehmlich Regressionsmodelle konstruiert. Damit beschäftigen wir uns in den restlichen Kapiteln dieses Buches.

Unser Anliegen ist es, Leserinnen und Lesern zu vermitteln, dass die leitende Idee der induktiven Statistik – Daten für verallgemeinernde Aussagen zu verwenden – in unterschiedlichen Kontexten auf unterschiedliche Weisen verfolgt wird. Daraus folgt für uns, dass wir zentrale Konzepte der induktiven Statistik in den unterschiedlichen Kontexten erneut aus jeweils etwas unterschiedlicher Sicht besprechen.

*Vorkenntnisse.* Wer das Buch durchblättert, wird feststellen, dass viele Symbole und Formeln vorkommen. Sie dienen jedoch nur dazu, um möglichst klare Aussagen zu formulieren, deren Bedeutung leicht zu verstehen ist (weil alle Details explizit gemacht werden). Die meisten Formeln sind durch kurze Überlegungen einsehbar; bei Formeln, die kompliziertere Beweise erfordern, verweisen wir auf weiterführende Literatur. In diesem Buch werden nur elementare mathematische Kenntnisse (wie in der deskriptiven Statistik) vorausgesetzt.

Die vorgestellten Methoden werden durch Anwendungen illustriert, die auf Daten des ALLBUS basieren (GESIS - Leibniz-Institut für Sozialwissenschaften (2017): Allgemeine Bevölkerungsumfrage der Sozialwissenschaften ALLBUS 2016. GESIS Datenarchiv, Köln. ZA5250 Datenfile Version 2.1.0.; teilweise werden auch Daten früherer Erhebungen verwendet).

Der Text enthält neben der Darstellung der ausgewählten statistischen Methoden jeweils am Kapitelende kurze Blöcke, in denen Code zur Berechnung der numerischen Ergebnisse und zur Erstellung der Graphiken der statistischen Programmierumgebung R präsentiert wird. Die dargestellten und besprochenen Ergebnisse lassen sich damit recht einfach reproduzieren. Ein einführender Text in die statistische Analyse mit R ist Behr, Andreas / Pötter, Ulrich, Einführung in die Statistik mit R, 2. Auflage, Vahlen Verlag, München, 2011.

Aus Platzgründen wurde in der Regel ein etwas vereinfachter R-Code angegeben, so dass die im Text enthaltenen Graphiken nicht mit den aus dem angegeben R-Code resultierenden identisch sind. Zu beachten ist, dass die dargestellten Ergebnisse gerundet wurden, wodurch sich u.U. geringfügige Abweichungen von exakten oder weniger stark gerundeten Ergebnissen – etwa bei Verwendung des angegebenen R-Codes – erklären. In Anlehnung an die übliche Darstellung in statistischer Software wird im gesamten Text als 1000er Trennzeichen ein Komma und als Dezimaltrennzeichen ein Punkt verwendet.

Am Ende jedes Kapitels befinden sich Übungsaufgaben, mit deren Hilfe die in dem jeweiligen Kapitel besprochenen Inhalte vertieft und deren Anwendung geübt werden kann. Am Ende des Buches finden sich gekürzte Lösungen der Übungsaufgaben. Zudem enthält das Buch eine Formelsammlung, in der die wichtigsten Formeln des Textes zusammengestellt sind. Üblich ist die Bereitstellung derartiger Formelsammlungen als Hilfe in Klausuren. Formeln, die in der Formelsammlung enthalten sind, sind im Text grau hinterlegt, womit auf deren herausgehobene Bedeutung verwiesen wird.

Für die eigenständige Überprüfung des Kenntnisstands sind zudem zwei Klausuren im Text enthalten. Auch für diese finden sich am Ende des Buches kurze Lösungshinweise.

Bedanken möchten wir uns bei Christoph Schiwy für die Formatierung des Textes in LaTeXund knitr. Zudem danken wir Lucy Hong, Fiona Ewald, Hervé Donald Teguim, Marco Giese, Gerald Fugger für die Durchsicht von Teilen des Manuskripts und Ulrich Pötter für zahlreiche Hinweise und Anregungen.

## Inhaltsverzeichnis

**1 Artifizielle Zufallsgeneratoren** — 17
  1.1 Einleitung — 18
  1.2 Zufallsvariablen — 18
    1.2.1 Ausgangspunkt: Gleichverteilung — 18
    1.2.2 Konstruktion beliebiger Verteilungen — 19
    1.2.3 Wahrscheinlichkeiten und Häufigkeiten — 20
    1.2.4 Charakterisierungen von Verteilungen — 21
    1.2.5 Funktionen von Zufallsvariablen — 21
    1.2.6 Unendliche Wertebereiche — 21
  1.3 Eine Erweiterung — 22
    1.3.1 Dichtefunktionen — 22
    1.3.2 Eine stetige Gleichverteilung — 23
    1.3.3 Charakterisierungen stetiger Verteilungen — 24
    1.3.4 Die Normalverteilung — 24
    1.3.5 Funktionen stetiger Zufallsvariablen — 25
  1.4 Algorithmische Zufallsgeneratoren — 26
    1.4.1 Simulation eines Würfels — 26
    1.4.2 Die Inversionsmethode — 27
  1.5 Aufgaben — 29
  1.6 R-Code — 31

**2 Schätzen von Verteilungsparametern** — 33
  2.1 Einleitung — 34
  2.2 Unabhängige Wiederholungen — 34
    2.2.1 Stichprobenvariablen — 34
    2.2.2 Stichprobenfunktionen — 35
  2.3 Die Maximum-Likelihood-Methode — 36
    2.3.1 Likelihoodfunktionen — 36
    2.3.2 Ein einziger Parameter — 37
    2.3.3 Mehrere Parameter — 38
  2.4 Stetige Zufallsvariablen — 40
    2.4.1 Likelihoodfunktionen — 40
    2.4.2 Parameter der Normalverteilung — 41
  2.5 Annahmen über Verteilungen — 42

| | | |
|---|---|---|
| 2.6 | Aufgaben | 45 |
| 2.7 | R-Code | 46 |

## 3 Schätzfunktionen und Konfidenzintervalle 49

| | | |
|---|---|---|
| 3.1 | Einleitung | 50 |
| 3.2 | Schätzfunktionen | 50 |
| | 3.2.1 Definition und Beispiele | 50 |
| | 3.2.2 Erwartungstreue Schätzfunktionen | 51 |
| 3.3 | Die Binomialverteilung | 51 |
| 3.4 | Verteilungen von Schätzfunktionen | 53 |
| | 3.4.1 Die Schätzfunktion für $\pi$ | 54 |
| | 3.4.2 Die Schätzfunktion für $\mu$ | 55 |
| 3.5 | Konfidenzintervalle | 57 |
| 3.6 | Formelanhang | 60 |
| 3.7 | Aufgaben | 62 |
| 3.8 | R-Code | 63 |

## 4 Testen von Hypothesen 65

| | | |
|---|---|---|
| 4.1 | Einleitung | 66 |
| 4.2 | Signifikanztests | 66 |
| | 4.2.1 Einfache Hypothesen | 66 |
| | 4.2.2 Festlegung des kritischen Bereichs | 67 |
| | 4.2.3 Fehler erster und zweiter Art | 67 |
| | 4.2.4 Zusammengesetzte Hypothesen | 69 |
| | 4.2.5 Signifikanztests und Konfidenzintervalle | 70 |
| | 4.2.6 Werden Nullhypothesen bestätigt? | 71 |
| 4.3 | Likelihood-Ratio-Tests | 71 |
| | 4.3.1 Schematische Darstellung | 71 |
| | 4.3.2 Ist der Würfel fair? | 73 |
| | 4.3.3 Bedeutung des Stichprobenumfangs | 75 |
| | 4.3.4 Zusammengesetzte Hypothesen | 76 |
| 4.4 | Aufgaben | 78 |
| 4.5 | R-Code | 79 |

## 5 Stichproben aus realen Gesamtheiten 81

| | | |
|---|---|---|
| 5.1 | Einleitung | 82 |
| 5.2 | Zufallsstichproben | 83 |
| | 5.2.1 Stichprobendesign und Stichproben | 83 |
| | 5.2.2 Inklusions- und Ziehungswahrscheinlichkeiten | 84 |

|       | 5.2.3 Einfache Zufallsstichproben | 85 |
|---|---|---|
| 5.3 | Schätzfunktionen | 86 |
|       | 5.3.1 Der theoretische Ansatz | 86 |
|       | 5.3.2 Schätzfunktionen für Mittelwerte | 87 |
|       | 5.3.3 Schätzfunktionen für Anteilswerte | 88 |
|       | 5.3.4 Schätzfunktionen für Varianzen | 89 |
|       | 5.3.5 Konfidenzintervalle | 90 |
| 5.4 | Eine Computersimulation | 91 |
| 5.5 | Aufgaben | 92 |
| 5.6 | R-Code | 93 |

## 6 Ergänzungen und Probleme — 95

| 6.1 | Einleitung | 96 |
|---|---|---|
| 6.2 | Unterschiedliche Stichprobendesigns | 96 |
|       | 6.2.1 Partitionen der Grundgesamtheit | 96 |
|       | 6.2.2 Geschichtete Auswahlverfahren | 97 |
|       | 6.2.3 Mehrstufige Auswahlverfahren | 98 |
| 6.3 | Stichprobenausfälle | 99 |
|       | 6.3.1 Illustration der Problematik | 99 |
|       | 6.3.2 Konditionierende Variablen | 101 |
| 6.4 | Designgewichte | 103 |
| 6.5 | Aufgaben | 105 |
| 6.6 | R-Code | 106 |

## 7 Deskriptive Modelle — 107

| 7.1 | Einleitung | 108 |
|---|---|---|
| 7.2 | Anpassen theoretischer Verteilungen | 108 |
|       | 7.2.1 Häufigkeiten von Arztbesuchen | 108 |
|       | 7.2.2 Interpretation des Schätzverfahrens | 110 |
| 7.3 | Gruppierte Einkommensdaten | 111 |
| 7.4 | Anpassungstests | 114 |
| 7.5 | Wie gut muss das Modell passen? | 116 |
| 7.6 | Aufgaben | 118 |
| 7.7 | R-Code | 119 |

## 8 Probabilistische Regressionsmodelle — 121

| 8.1 | Einleitung | 122 |
|---|---|---|
| 8.2 | Eine binäre abhängige Variable | 123 |
|       | 8.2.1 Der theoretische Ansatz | 123 |

|  |  |  |  |
|---|---|---|---|
| | 8.2.2 | Beispiel: Schulabschluss Abitur | 124 |
| | 8.2.3 | Zustände und Ereignisse | 125 |
| | 8.2.4 | Quantitative Regressorvariablen | 125 |
| | 8.2.5 | Interaktion zwischen Regressorvariablen | 127 |
| 8.3 | | Standardfehler der Parameterschätzungen | 127 |
| 8.4 | | Aufgaben | 131 |
| 8.5 | | R-Code | 132 |

## 9 Polytome abhängige Variablen · 133

|  |  |  |  |
|---|---|---|---|
| 9.1 | | Einleitung | 134 |
| 9.2 | | Eine quantitative abhängige Variable | 134 |
| | 9.2.1 | Beispiel: Anzahl Arztbesuche | 134 |
| | 9.2.2 | Parametrisierung der Erwartungswerte | 137 |
| 9.3 | | Eine kategoriale abhängige Variable | 138 |
| | 9.3.1 | Beispiel: Internetnutzung | 138 |
| | 9.3.2 | Ein multinomiales Logitmodell | 139 |
| | 9.3.3 | Vereinfachungen des Modells | 140 |
| | 9.3.4 | Referenzkategorie und Standardfehler | 141 |
| | 9.3.5 | Quantitative Regressorvariablen | 142 |
| 9.4 | | Aufgaben | 144 |
| 9.5 | | R-Code | 145 |

## 10 Regression mit Dichtefunktionen · 147

|  |  |  |
|---|---|---|
| 10.1 | Einleitung | 148 |
| 10.2 | Gruppierte Einkommensdaten | 148 |
| | 10.2.1 Modellspezifikation und ML-Schätzung | 148 |
| | 10.2.2 Bedingte Erwartungswerte | 151 |
| 10.3 | Zeitdauern bis zu Ereignissen | 153 |
| | 10.3.1 Beispiel: Heiratsalter | 153 |
| | 10.3.2 Ein Modell für Heiratsraten | 154 |
| | 10.3.3 ML-Schätzung der Parameter | 157 |
| | 10.3.4 Verknüpfung mit Regressorvariablen | 158 |
| 10.4 | Aufgaben | 162 |
| 10.5 | R-Code | 163 |

## 11 Regression mit Erwartungswerten · 165

|  |  |  |
|---|---|---|
| 11.1 | Einleitung | 166 |
| 11.2 | Der theoretische Ansatz | 166 |
| | 11.2.1 Modelle für bedingte Erwartungswerte | 166 |

  11.2.2 Die Methode der kleinsten Quadrate . . . . 167
11.3 Lineare Regressionsmodelle . . . . . . . . . . . . . 168
  11.3.1 Schematische Darstellung . . . . . . . . . . 168
  11.3.2 Standardfehler . . . . . . . . . . . . . . . . 170
  11.3.3 Beispiele . . . . . . . . . . . . . . . . . . . . 172
11.4 Nichtlineare Regressionsmodelle . . . . . . . . . . . 173
11.5 Wozu dienen Regressionsmodelle? . . . . . . . . . . 175
  11.5.1 Voraussagen für Erwartungswerte . . . . . . 175
  11.5.2 Voraussagen für individuelle Werte . . . . . 176
  11.5.3 Vergleiche unterschiedlicher Modelle . . . . 177
11.6 Aufgaben . . . . . . . . . . . . . . . . . . . . . . . 179
11.7 R-Code . . . . . . . . . . . . . . . . . . . . . . . . 180

Formelsammlung    181

Probeklausuren    187

Lösungshinweise    205

Literaturangaben    229

Index    231

# 1
# Artifizielle Zufallsgeneratoren

*Viele Überlegungen der Wahrscheinlichkeitstheorie sind durch die Beschäftigung mit einfachen Zufallsgeneratoren wie Würfeln und Kugelurnen entstanden. In diesem Kapitel beschäftigen wir uns mit Zufallsvariablen, die mit Hilfe von Zufallsgeneratoren definiert werden können.*

| | | |
|---|---|---|
| 1.1 | Einleitung | 18 |
| 1.2 | Zufallsvariablen | 18 |
| | 1.2.1 Ausgangspunkt: Gleichverteilung | 18 |
| | 1.2.2 Konstruktion beliebiger Verteilungen | 19 |
| | 1.2.3 Wahrscheinlichkeiten und Häufigkeiten | 20 |
| | 1.2.4 Charakterisierungen von Verteilungen | 21 |
| | 1.2.5 Funktionen von Zufallsvariablen | 21 |
| | 1.2.6 Unendliche Wertebereiche | 21 |
| 1.3 | Eine Erweiterung | 22 |
| | 1.3.1 Dichtefunktionen | 22 |
| | 1.3.2 Eine stetige Gleichverteilung | 23 |
| | 1.3.3 Charakterisierungen stetiger Verteilungen | 24 |
| | 1.3.4 Die Normalverteilung | 24 |
| | 1.3.5 Funktionen stetiger Zufallsvariablen | 25 |
| 1.4 | Algorithmische Zufallsgeneratoren | 26 |
| | 1.4.1 Simulation eines Würfels | 26 |
| | 1.4.2 Die Inversionsmethode | 27 |
| 1.5 | Aufgaben | 29 |
| 1.6 | R-Code | 31 |

## 1.1 Einleitung

Wir unterscheiden zwei Arten von Variablen. Einerseits deskriptive Variablen, die Daten – also Informationen über reale Sachverhalte – repräsentieren. Andererseits Zufallsvariablen, die Prozesse repräsentieren, durch die Sachverhalte – und infolgedessen Daten – *entstehen können*. Zufallsvariablen werden verwendet, um sich gedanklich auf (normalerweise wiederholbare) Prozesse zu beziehen, deren Ausgang (aus der Perspektive eines Beobachters) ungewiss ist. In diesem und den folgenden drei Kapiteln beschäftigen wir uns mit Zufallsvariablen, die durch artifizielle Zufallsgeneratoren definiert sind. Zum Beispiel kann man an eine Zufallsvariable denken, die das Erzeugen von Augenzahlen mit einem Würfel repräsentiert. Die möglichen Werte der Zufallsvariablen sind die Zahlen von 1 bis 6; und die Prozesse, durch die die Zufallsvariable Werte annehmen kann, bestehen darin, dass gewürfelt und die resultierende Augenzahl notiert wird.

## 1.2 Zufallsvariablen

### 1.2.1 Ausgangspunkt: Gleichverteilung

Um eine Zufallsvariable zu definieren, muss man ihren Wertebereich angeben, d.h. die Menge der Werte, die sie annehmen kann; und man muss eine Vorstellung der Prozesse angeben, durch die sie ihre Werte annehmen kann. Wir nehmen an, dass Wertebereiche von Zufallsvariablen (wie auch von deskriptiven Variablen) stets aus Zahlen bestehen, für die natürlich bestimmte Bedeutungen definiert sein können.

Wir beginnen mit Zufallsvariablen, die durch ein Urnenmodell definiert werden können. Eine Urne wird mit $m$ Kugeln gefüllt, die sich nur durch eine Nummer (zum Beispiel die Zahlen $1, \ldots, m$) unterscheiden. Diese Zahlen bilden den Wertebereich der Zufallsvariablen. Bestimmte Werte entstehen auf folgende Weise: Die Kugeln werden gemischt, dann wird blind eine der Kugeln herausgezogen und ihre Nummer notiert, und schließlich wird die Kugel wieder zurückgelegt. Dieses Verfahren garantiert, dass die Wahrscheinlichkeit, eine bestimmte Kugel zu ziehen, für alle Kugeln gleich ist.

Zur Notation von Zufallsvariablen verwenden wir Großbuchstaben und für ihre Wertebereiche korrespondierende kalligraphische Buchstaben; in diesem Beispiel wird die Zufallsvariable $X$ genannt, ihr Wertebereich ist $\mathcal{X} = \{1, \ldots, m\}$. Wenn $m = 2$ ist, spricht man von einer binären oder dichotomen Variablen, wenn $m > 2$ ist, spricht man von einer polytomen Variablen.

Grundlegend ist dann folgende Schreibweise: $\Pr(X = x)$, zu lesen als: die Wahrscheinlichkeit, mit der die Zufallsvariable $X$ den Wert $x$ annimmt. Diese Wahrscheinlichkeiten sind per Definition Zahlen zwischen 0 und 1, also

$$0 \leq \Pr(X = x) \leq 1 \quad \text{(für alle } x \in \mathcal{X}\text{)}. \tag{1.1}$$

Eine weitere Schreibweise ist $\Pr(X \in A)$, zu lesen als: die Wahrscheinlichkeit, dass $X$ einen Wert in der Menge $A$ annimmt, wobei $A$ eine Teilmenge von $\mathcal{X}$ ist.[1] Mit dieser Schreibweise können zwei weitere Regeln

$$\Pr(X \in A) = \sum_{x \in A} \Pr(X = x) \quad \text{und} \quad \Pr(X \in \mathcal{X}) = 1 \tag{1.2}$$

für das Rechnen mit Wahrscheinlichkeiten festgelegt werden. Da in unserem Beispiel die Wahrscheinlichkeiten für alle Werte in $\mathcal{X}$ gleich sind, folgt aus diesen Regeln

$$\Pr(X = x) = \frac{1}{m} \quad \text{(für alle } x \in \mathcal{X}\text{)}. \tag{1.3}$$

Es handelt sich also um eine Gleichverteilung.

### 1.2.2 Konstruktion beliebiger Verteilungen

Ausgehend von einer Zufallsvariablen mit einer Gleichverteilung können beliebige andere Zufallsvariablen bzw. Verteilungen konstruiert werden. Zur Illustration konstruieren wir eine Zufallsvariable, die einen Würfel repräsentieren soll, bei dem die 6 mit der Wahrscheinlichkeit 0.2, die übrigen Augenzahlen mit der Wahrscheinlichkeit 0.16 entstehen. Dafür kann man eine Urne verwenden, in der sich jeweils 4 Kugeln mit den Nummern 1 bis 5 und 5 Kugeln mit der Nummer 6 befinden.

---

[1] Analog sind weitere Schreibweisen zu verstehen, zum Beispiel: $\Pr(X \leq x)$ und $\Pr(a \leq X \leq b)$.

Als ein weiteres Beispiel betrachten wir eine binäre Zufallsvariable $X$, die nur zwei Werte (0 und 1) annehmen kann. Verwendet man dann eine Urne, in der $p$ Kugeln eine 1 und $m-p$ Kugeln eine 0 aufweisen, resultiert die Wahrscheinlichkeit $\Pr(X=1) = p/m$.

### 1.2.3 Wahrscheinlichkeiten und Häufigkeiten

Mit artifiziellen Zufallsgeneratoren kann man Werte einer Zufallsvariablen erzeugen. Als Beispiel betrachten wir die Erzeugung von Augenzahlen mit einem fairen Würfel; die Zufallsvariable wird $X$ genannt. Es gibt 6 mögliche Werte, aber man kann beliebig oft würfeln und dadurch beliebig viele Realisationen von $X$ erzeugen. Man muss also mögliche Werte und Realisationen begrifflich unterscheiden.

Angenommen, wir haben 20 Mal gewürfelt und folgende Augenzahlen erhalten:

$$1, 5, 3, 6, 5, 2, 6, 4, 5, 3, 6, 5, 1, 1, 3, 6, 2, 1, 2, 2 \qquad (1.4)$$

Dann kann man die Häufigkeiten berechnen, mit denen die 6 möglichen Augenzahlen aufgetreten sind:[2]

$$P(X=1) = 4/20, \; P(X=2) = 4/20, \; P(X=3) = 3/20$$
$$P(X=4) = 1/20, \; P(X=5) = 4/20, \; P(X=6) = 4/20$$

Zur Notation verwenden wir wiederum den Buchstaben $X$, der jetzt jedoch eine deskriptive Variable bezeichnet, die durch eine Bezugnahme auf die 20 realisierten Augenzahlen definiert ist. Die Verwendung des Symbols P im Unterschied zu Pr soll anzeigen, dass es sich um Häufigkeiten und nicht um Wahrscheinlichkeiten handelt.

Ersichtlich unterscheiden sich die realisierten Häufigkeiten von den Wahrscheinlichkeiten, die bei allen Augenzahlen $= 1/6$ sind. Tatsächlich kann die Häufigkeit 1/6 bei 20 Realisationen gar nicht auftreten. Man muss also Häufigkeiten und Wahrscheinlichkeiten unterscheiden.

---

[2] Wenn in diesem Text von Häufigkeiten gesprochen wird, sind stets relative Häufigkeiten gemeint; andernfalls sprechen wir explizit von absoluten Häufigkeiten.

## 1.2.4 Charakterisierungen von Verteilungen

In der deskriptiven Statistik werden zahlreiche Begriffe besprochen, mit denen deskriptive Variablen bzw. ihre Häufigkeitsverteilungen charakterisiert werden können. In den meisten Fällen gibt es vollständig analoge Begriffe für Zufallsvariablen und ihre Wahrscheinlichkeitsverteilungen. Deshalb beschränken wir uns hier auf einige kurze Definitionen:

- Die Funktion $f(x) = \Pr(X = x)$ wird Wahrscheinlichkeitsfunktion von $X$ genannt.
- Die Funktion $F(x) = \Pr(X \leq x)$ wird Verteilungsfunktion von $X$ genannt.
- $\mathrm{E}(X) = \sum_{x \in \mathcal{X}} x f(x)$ wird Erwartungswert (oder Mittelwert) von $X$ genannt.
- $\mathrm{Var}(X) = \sum_{x \in \mathcal{X}} (x - \mathrm{E}(X))^2 f(x) = \mathrm{E}([X - \mathrm{E}(X)]^2)$ wird Varianz von $X$ genannt. Die Quadratwurzel der Varianz heißt Standardabweichung. Durch Ausrechnen findet man: $\mathrm{Var}(X) = \mathrm{E}(X^2) - \mathrm{E}(X)^2$

## 1.2.5 Funktionen von Zufallsvariablen

Sei $X$ eine Zufallsvariable mit dem Wertebereich $\mathcal{X}$, und sei $g(x)$ eine Funktion, die für alle $x \in \mathcal{X}$ definiert ist. Dann erhält man durch die Definition $Y = g(X)$ eine neue Zufallsvariable mit dem Wertebereich $\mathcal{Y} = \{g(x) \mid x \in \mathcal{X}\}$ und der Wahrscheinlichkeitsverteilung

$$\Pr(Y = y) = \sum_{x \in \{x \mid g(x) = y\}} \Pr(X = x). \tag{1.5}$$

Diese Schreibweise berücksichtigt den Fall, dass keine eindeutige Umkehrfunktion existiert.

Man kann auch Funktionen von zwei oder mehr Zufallsvariablen betrachten. Aber damit beschäftigen wir uns erst in späteren Kapiteln.

## 1.2.6 Unendliche Wertebereiche

Die Wertebereiche der bisher betrachteten Zufallsvariablen waren stets endlich. Man kann auch Zufallsvariablen mit abzählbar unendlich vielen Werten definieren. Zur Illustration gehen wir von einer Urne aus, in der es rote und schwarze Kugeln gibt. Die Wahrscheinlichkeit für das Ziehen einer roten Kugel sei $\pi$.

Jetzt betrachten wir eine Zufallsvariable, die die Anzahl der Ziehungen erfasst, bis zum ersten Mal eine rote Kugel gezogen wird (nach jeder Ziehung wird die gezogene Kugel zurückgelegt und erneut gut gemischt). Diese Zufallsvariable wird $Z$ genannt. Da man keine bestimmte Obergrenze angeben kann, muss man als Wertebereich von $Z$ alle natürlichen Zahlen in Betracht ziehen.

Die Wahrscheinlichkeitsverteilung von $Z$ wird geometrische Verteilung genannt, definiert durch

$$\Pr(Z = z) = (1 - \pi)^{z-1} \pi, \tag{1.6}$$

wobei der Parameter $\pi$ eine Zahl zwischen 0 und 1 ist. Dies ist eine Wahrscheinlichkeitsfunktion, denn $\sum_{z=1}^{\infty} \Pr(Z = z) = 1$;[3] und als Erwartungswert findet man[4]

$$E(Z) = \sum_{z=1}^{\infty} z \Pr(Z = z) = \frac{1}{\pi}. \tag{1.7}$$

## 1.3 Eine Erweiterung

### 1.3.1 Dichtefunktionen

Wenn man vom Wertebereich einer Zufallsvariablen spricht, meint man meistens die Gesamtheit der Werte, die mit einer positiven Wahrscheinlichkeit auftreten können. Man kann aber auch die Gesamtheit der reellen Zahlen, die wir durch das Symbol $\mathbf{R}$ bezeichnen, als Wertebereich auffassen. Dieser Ansatz erlaubt eine Erweiterung der bisherigen Begriffsbildungen. Als formales Hilfsmittel dienen Dichtefunktionen.

Eine Dichtefunktion ist eine Funktion $f(x)$, die für alle $x \in \mathbf{R}$ definiert ist und folgende Eigenschaften hat:

a) $f(x) \geq 0$ für alle $x \in \mathbf{R}$,

b) für jedes Intervall $[a, b] \subseteq \mathbf{R}$ existiert das Integral $\int_a^b f(x)\,dx$,

c) für das gesamte Integral gilt $\int_{-\infty}^{\infty} f(x)\,dx = 1$.

---

[3] Für jede Zahl $a$ mit $0 < a < 1$ gilt: $\sum_{k=0}^{\infty} a^k = 1/(1-a)$.

[4] Für jede Zahl $a$ mit $0 < a < 1$ gilt auch: $\sum_{k=1}^{\infty} k\,a^k = a/(1-a)^2$.

## 1.3 Eine Erweiterung

Wenn eine solche Dichtefunktion gegeben ist, kann man eine Zufallsvariable $X$ definieren, deren Wertebereich die Gesamtheit der reellen Zahlen ist, indem man

$$\Pr(X \in [a,b]) = \int_a^b f(x)\,\mathrm{d}x \qquad (1.8)$$

festlegt. Man kann dann für jedes beliebige Intervall die Wahrscheinlichkeit berechnen, mit der die Zufallsvariable einen Wert innerhalb des Intervalls annimmt. Auf diese Weise erhält man auch einen Ausdruck für die Verteilungsfunktion:

$$F(x) = \Pr(X \leq x) = \int_{-\infty}^x f(u)\,\mathrm{d}u. \qquad (1.9)$$

### 1.3.2 Eine stetige Gleichverteilung

Als Beispiel betrachten wir eine Zufallsvariable $X$, die im Intervall von 0 bis 1 eine Gleichverteilung aufweist. Ihre Dichtefunktion ist

$$f(x) = \begin{cases} 1 & \text{wenn } 0 \leq x \leq 1, \\ 0 & \text{andernfalls.} \end{cases} \qquad (1.10)$$

Es ist bemerkenswert, dass $\Pr(X = x) = 0$ auch dann der Fall ist, wenn $x$ innerhalb des Intervalls von 0 bis 1 liegt. Denn es gibt mehr als abzählbar unendlich viele Werte, die sich die Gesamtwahrscheinlichkeit teilen müssen.

In diesem Beispiel ist $f(x)$ eine (fast überall) stetige Funktion. Wir sprechen dann von einer stetigen Zufallsvariablen. Zur Unterscheidung spricht man oft von einer diskreten Zufallsvariablen, wenn der Wertebereich endlich oder höchstens abzählbar unendlich ist.

Stetige Zufallsvariablen sind mathematische Konstrukte. Mit Hilfe artifizieller Zufallsgeneratoren kann man nur Näherungen realisieren. Zum Beispiel kann man eine Urne verwenden, die mit einer sehr großen Anzahl von Kugeln $(1,\ldots,m)$ gefüllt ist. Wird die entsprechende Zufallsvariable $Z$ genannt, kann man durch

$$Y = \frac{1}{m} Z \qquad (1.11)$$

eine neue Zufallsvariable definieren, deren Wahrscheinlichkeitsverteilung näherungsweise derjenigen von $X$ entspricht. Zwar kann man nicht ohne Weiteres die Wahrscheinlichkeitsfunktion von $Y$ mit der Dichtefunktion von $X$ vergleichen; wohl aber kann man die jeweiligen Verteilungsfunktionen vergleichen (Aufgabe 6).

### 1.3.3 Charakterisierungen stetiger Verteilungen

Der Wahrscheinlichkeitsfunktion bei diskreten Zufallsvariablen entspricht bei stetigen Zufallsvariablen die Dichtefunktion. Begriffe zur Charakterisierung von Verteilungen können weitgehend analog gebildet werden. Wir beziehen uns auf eine stetige Zufallsvariable $X$ mit der Dichtefunktion $f(x)$.

- Der Erwartungswert ist $\mathrm{E}(X) = \int_{-\infty}^{\infty} x\,f(x)\,\mathrm{d}x$.
- Die Varianz ist $\mathrm{Var}(X) = \int_{-\infty}^{\infty} (x - \mathrm{E}(X))^2\,f(x)\,\mathrm{d}x$.

### 1.3.4 Die Normalverteilung

Als ein weiteres Beispiel besprechen wir die Normalverteilung, die in vielen Überlegungen der induktiven Statistik eine wichtige Rolle spielt. Ihre Dichtefunktion ist

$$\phi(x;\mu,\sigma) = \frac{1}{\sqrt{2\pi}\,\sigma} \exp\left(-\frac{1}{2}\left[\frac{x-\mu}{\sigma}\right]^2\right). \quad (1.12)$$

Diese Dichtefunktion hat zwei Parameter, $\mu$ und $\sigma$, die folgende Bedeutung haben. Wenn die Zufallsvariable $X$ eine durch $\phi(x;\mu,\sigma)$ definierte Wahrscheinlichkeitsverteilung hat, dann gilt

$$\mathrm{E}(X) = \mu \quad \text{und} \quad \mathrm{Var}(X) = \sigma^2. \quad (1.13)$$

Wenn $\mu = 0$ und $\sigma = 1$ ist, spricht man von einer Standardnormalverteilung. Abb. 1.1 zeigt zwei unterschiedliche Dichtefunktionen.

Für die Verteilungsfunktion der Normalverteilung verwenden wir die Bezeichnung

$$\Phi(x;\mu,\sigma) = \int_{-\infty}^{x} \phi(x;\mu,\sigma)\,\mathrm{d}u. \quad (1.14)$$

## 1.3 Eine Erweiterung

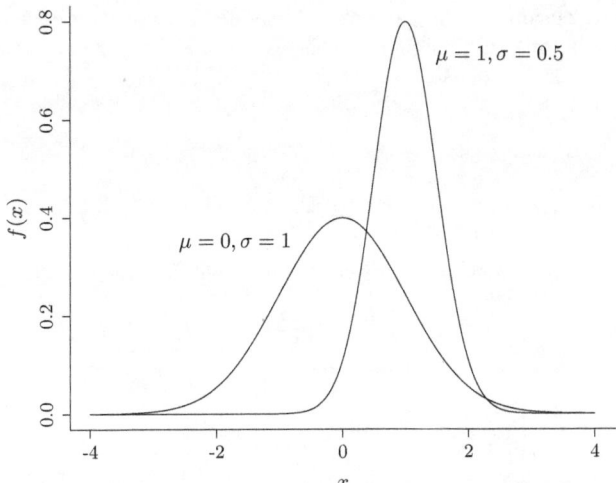

**Abb. 1.1:** Zwei Dichtefunktionen der Normalverteilung.

### 1.3.5 Funktionen stetiger Zufallsvariablen

Durch Funktionen einer stetigen Zufallsvariablen kann man – sowohl stetige als auch diskrete – neue Zufallsvariablen bilden. Ist eine stetige Zufallsvariable $X$ gegeben, erhält man zum Beispiel durch lineare Funktionen neue stetige Zufallsvariablen $Y = a\,X + b$. Man kann dann unmittelbar auch den Erwartungswert

$$\mathrm{E}(Y) = a\,\mathrm{E}(X) + b \tag{1.15}$$

und die Varianz

$$\mathrm{Var}(Y) = a^2\,\mathrm{Var}(X) \tag{1.16}$$

berechnen. Daraus folgt: Hat $X$ den Erwartungswert $\mu$ und die Varianz $\sigma^2$, gewinnt man durch

$$Y = \frac{1}{\sigma}\,(X - \mu) \tag{1.17}$$

eine neue Zufallsvariable mit dem Erwartungswert 0 und der Varianz 1. Dies wird als Standardisierung von $X$ bezeichnet.

Ein Zusammenhang zwischen Verteilungsfunktionen lässt sich folgendermaßen herstellen. Es sei $F_X(x) = \Pr(X \leq x)$ die Verteilungsfunktion von $X$. Dann findet man für die Verteilungsfunktion von $Y = aX + b$

$$F_Y(y) = \Pr(Y \leq y)$$
$$= \Pr(aX + b \leq y) = \Pr\left(X \leq \frac{y-b}{a}\right) = F_X\left(\frac{y-b}{a}\right). \quad (1.18)$$

Für den Zusammenhang zwischen den Dichtefunktionen findet man

$$f_Y(y) = \frac{dF_Y(y)}{dy} = \frac{dF_X\left(\frac{y-b}{a}\right)}{dy} = f_X\left(\frac{y-b}{a}\right)\frac{1}{a}. \quad (1.19)$$

## 1.4 Algorithmische Zufallsgeneratoren

Zufallsgeneratoren, die einen Würfel oder eine Urne verwenden, beruhen darauf, dass man durch Ausnutzen von bewusst hergestellten Symmetrien gleichwahrscheinliche Ereignisse erzeugen kann. Stattdessen kann man auch Computer verwenden, um Zufallszahlen zu erzeugen. Weil dann ein deterministisches Verfahren verwendet wird, spricht man auch von Pseudozufallszahlen.

Die meisten Statistikprogramme stellen eine Funktion zur Verfügung, mit der Realisationen einer im Intervall 0 bis 1 gleichverteilten Zufallsvariablen erzeugt werden können (vgl. Abschnitt 1.3.2). Eine solche Funktion kann verwendet werden, um Realisationen beliebiger anderer Wahrscheinlichkeitsverteilungen zu erzeugen.[5] Wir besprechen zwei Beispiele.

### 1.4.1 Simulation eines Würfels

Im ersten Beispiel sollen Realisationen eines fairen Würfels erzeugt werden, also Realisationen einer Zufallsvariablen $X$ mit dem Wertebereich $\mathcal{X} = \{1, \ldots, 6\}$ und gleichen Wahrscheinlichkeiten für alle möglichen Werte. Wenn man ein Programm hat, das Werte einer Zufallsvariablen $U$ erzeugt, die im Intervall 0 bis 1 gleichverteilt sind, kann man $X$ als eine Funktion von $U$ bilden, die

---

[5] Eine Einführung in das Arbeiten mit Zufallszahlen im Rahmen des Statistikprogramms R findet man bei Behr und Pötter (2011: Kap. 7).

folgendermaßen definiert ist:

$$X = \begin{cases} 1 & \text{wenn} \quad 0 \leq U < 1/6, \\ 2 & \text{wenn} \quad 1/6 \leq U < 2/6, \\ 3 & \text{wenn} \quad 2/6 \leq U < 3/6, \\ 4 & \text{wenn} \quad 3/6 \leq U < 4/6, \\ 5 & \text{wenn} \quad 4/6 \leq U < 5/6, \\ 6 & \text{wenn} \quad 5/6 \leq U \leq 1. \end{cases}$$

Auf ganz ähnliche Weise könnte man z.B. den nicht fairen Würfel simulieren, der in Abschnitt 1.2.2 besprochen wurde.

### 1.4.2 Die Inversionsmethode

Um Realisationen einer stetigen Zufallsvariablen $X$ zu simulieren, kann man die sog. Inversionsmethode verwenden. Dabei wird vorausgesetzt, dass $X$ eine strikt monotone Verteilungsfunktion $F(x)$ hat. Man definiert zunächst eine neue Zufallsvariable $U = F(X)$. Offenbar hat $U$ den Wertebereich $[0,1]$, und es gilt

$$\Pr(U \leq u) = \Pr(F(X) \leq u)$$
$$= \Pr(X \leq F^{-1}(u)) = F(F^{-1}(u)) = u.$$

Daraus sieht man, dass $U$ eine Gleichverteilung hat. Also kann man auch umgekehrt vorgehen. Man beginnt mit Realisationen $u$ einer in $[0,1]$ gleichverteilten Zufallsvariablen $U$ und berechnet dann Realisationen von $X$ durch

$$x = F^{-1}(u). \tag{1.20}$$

Zur Illustration verwenden wir die Verteilungsfunktion der Standardnormalverteilung

$$\Phi(x) = \int_{-\infty}^{x} \frac{1}{\sqrt{2\pi}} \exp\left(-\frac{z^2}{2}\right) dz. \tag{1.21}$$

Abb. 1.2 zeigt die inverse Funktion $\Phi^{-1}(u)$, wobei $u$ eine Zahl zwischen 0 und 1 sein kann. Zum Beispiel findet man $\Phi^{-1}(0.6) = 0.253$. Mit Hilfe dieser Funktion kann man normalverteilte Zufallszahlen erzeugen.

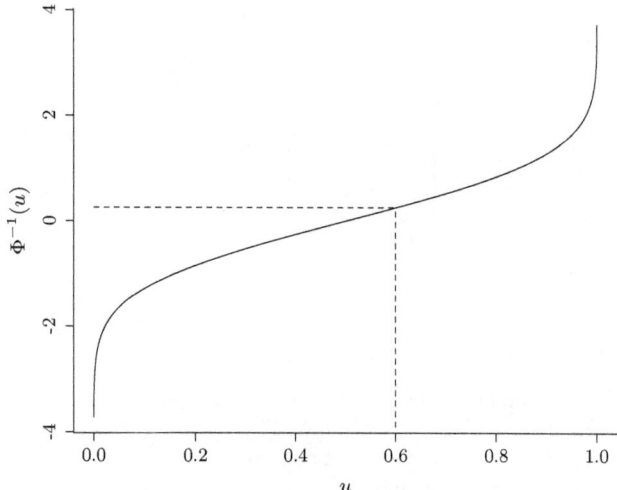

**Abb. 1.2:** Inverse Verteilungsfunktion der Standardnormalverteilung.

## 1.5 Aufgaben

1. Betrachten Sie eine Zufallsvariable $X$ mit dem Wertebereich $\{1,2,3,4,5,6\}$ und der Wahrscheinlichkeitsfunktion $f(6) = 0.2$ und $f(1) = \cdots = f(5) = 0.16$.

   a) Beschreiben Sie ein Urnenmodell, mit dem man Werte von $X$ erzeugen kann.

   b) Berechnen Sie $\Pr(X \geq 5)$.

   c) Tabellieren und zeichnen Sie die Verteilungsfunktion von $X$.

   d) Berechnen Sie den Erwartungswert und die Varianz von $X$.

2. Beziehen Sie sich auf eine Zufallsvariable $X$, die einen fairen Würfel repräsentiert. Geben Sie für folgende Zufallsvariablen jeweils den Wertebereich und in Form einer Tabelle die Wahrscheinlichkeitsfunktion an:

   a) $Y = (X+3)^2$.

   b) $Y = (X-3)^2$.

3. Es seien $X_1$ und $X_2$ zwei Zufallsvariablen, die jeweils einen fairen Würfel repräsentieren. Geben Sie den Wertebereich und die Wahrscheinlichkeitsfunktion für folgende Zufallsvariablen an:

   a) $Y = X_1 + X_2$.

   b) $Y = |X_1 - X_2|$.

**4.** Zeigen Sie für die diskrete Zufallsvariable $X$:

   a) $\text{Var}(X) = \text{E}(X^2) - \text{E}(X)^2$.

   b) $\text{Var}(a\,X) = a^2\,\text{Var}(X)$.

**5.** Beziehen Sie sich auf die durch die Dichtefunktion (1.10) definierte Zufallsvariable $X$.

   a) Zeigen Sie, wie sich ihre Verteilungsfunktion berechnen lässt.

   b) Stellen Sie die Verteilungsfunktion graphisch dar.

   c) Berechnen Sie den Erwartungswert und die Varianz von $X$.

**6.** Vergleichen Sie in einer Abbildung die Verteilungsfunktion der durch (1.10) definierten stetigen Zufallsvariablen $X$ mit der Verteilungsfunktion der durch (1.11) definierten diskreten Zufallsvariablen (für $m = 5$ und $m = 10$).

**7.** Skizzieren Sie die Dichtefunktion einer Standardnormalverteilung und die Dichtefunktion einer Normalverteilung mit $\mu = 0$ und $\sigma = 2$.

**8.** Zeigen Sie, wie man ausgehend von einer im Intervall $[0, 1]$ gleichverteilten Zufallsvariablen $U$ Realisationen des in Abschnitt 1.2.2 besprochenen nicht-fairen Würfels erzeugen kann.

## 1.6 R-Code

Zwei Dichtefunktionen der Normalverteilung:

```
# Sequenz erzeugen
x <- seq(from = -4, to = 4, by = 0.001)
# Dichte der Standardnormalverteilung
y1 <- dnorm(x = x, mean = 0, sd = 1)
# Dichte der Normalverteilung mit Erwartungswert 1
# und Varianz 0.25
y2 <- dnorm(x = x, mean = 1, sd = 0.5)

# Plotten der ersten Dichtefunktion
plot(x = x, y = y1, ylim=c(0, 0.8),
     xlab = "x", ylab = "f(x)",
     type = "l", bty = "l")
# Plotten der zweiten Dichtefunktion
lines(x = x, y = y2)
# Beschriftung
text(x = -1.7, y = 0.35,
     labels = expression(paste(mu, " = 0, ", sigma, " = 1")))
text(x = 2.5, y = 0.73,
     labels = expression(paste(mu, " = 1, ", sigma, " = 0.5")))
```

Inverse Verteilungsfunktion der Standardnormalverteilung:

```
# rechten Rand erweitern
par(mar = c(5, 4.3, 4, 2) + 0.1)
# Sequenz erzeugen
x <- seq(from = 0.0001, to = 0.9999, by = 0.0001)
# Werte der inversen Verteilungsfunktion der Standardnormalverteilung
y <- qnorm(p = x, mean = 0, sd = 1)

plot(x = x, y = y, type = "l", bty = "l",
     xlab = "u", ylab = expression(paste(Phi^-1, "(u)")))
# Segmente für u = 0.6 eintragen
segments(x0 = 0.6, y0 = -3.9, x1 = 0.6, y1 = qnorm(0.6), lty = 2)
segments(x0 = 0, y0 = qnorm(0.6), x1 = 0.6, y1 = qnorm(0.6), lty = 2)
```

# 2
# Schätzen von Verteilungsparametern

*Wahrscheinlichkeitsverteilungen sind durch einen oder mehrere Parameter charakterisiert. Sind die Werte dieser Parameter nicht bekannt, können sie ausgehend von beobachteten Realisationen geschätzt werden. In diesem Kapitel besprechen wir die Maximum-Likelihood-Methode, bei der diejenigen numerischen Werte für die unbekannten Parameter gewählt werden, die den beobachteten Realisationen die höchste Wahrscheinlichkeit geben.*

2.1 Einleitung . . . . . . . . . . . . . . . . . . . . . . . 34
2.2 Unabhängige Wiederholungen . . . . . . . . . . . . . . . . 34
    2.2.1 Stichprobenvariablen . . . . . . . . . . . . . . . . 34
    2.2.2 Stichprobenfunktionen . . . . . . . . . . . . . . . 35
2.3 Die Maximum-Likelihood-Methode . . . . . . . . . . . . . 36
    2.3.1 Likelihoodfunktionen . . . . . . . . . . . . . . . . 36
    2.3.2 Ein einziger Parameter . . . . . . . . . . . . . . . 37
    2.3.3 Mehrere Parameter . . . . . . . . . . . . . . . . . 38
2.4 Stetige Zufallsvariablen . . . . . . . . . . . . . . . . . . . 40
    2.4.1 Likelihoodfunktionen . . . . . . . . . . . . . . . . 40
    2.4.2 Parameter der Normalverteilung . . . . . . . . . . 41
2.5 Annahmen über Verteilungen . . . . . . . . . . . . . . . . 42
2.6 Aufgaben . . . . . . . . . . . . . . . . . . . . . . . . . . 45
2.7 R-Code . . . . . . . . . . . . . . . . . . . . . . . . . . . 46

## 2.1 Einleitung

Wenn eine Zufallsvariable einen artifiziellen Zufallsgenerator repräsentiert, kennt man in vielen Fällen ihre Wahrscheinlichkeitsverteilung durch die Konstruktion des Zufallsgenerators. Wenn das nicht der Fall ist (z.B. bei einem Würfel, der nicht unbedingt fair ist), muss man die Wahrscheinlichkeitsverteilung anhand von beobachteten Realisationen der Zufallsvariablen schätzen. In diesem Kapitel besprechen wir Schätzmethoden, die auf der Idee einer maximalen Likelihood beruhen. Zuerst besprechen wir, wie man Daten durch Stichprobenvariablen repräsentieren kann; dann beziehen wir uns auf diskrete und im Anschluss daran auf stetige Zufallsvariablen. Schließlich besprechen wir einige Probleme, die sich daraus ergeben, dass man für die Maximum-Likelihood-Methode Annahmen über die unbekannte Verteilung benötigt, deren Parameter man schätzen möchte.

## 2.2 Unabhängige Wiederholungen

### 2.2.1 Stichprobenvariablen

Wir beziehen uns auf eine Urne, die als ein artifizieller Zufallsgenerator verwendet werden kann, der durch eine diskrete Zufallsvariable $X$ mit dem Wertebereich $\mathcal{X}$ repräsentiert wird. Somit kann man beliebig viele Realisationen von $X$ erzeugen. Diese Realisationen sind unabhängig voneinander; denn nachdem man eine Kugel gezogen hat, wird sie wieder zurückgelegt und der Inhalt neu gemischt. Daraus folgt auch, dass die Wahrscheinlichkeit für das Auftreten einer bestimmten Kugel nicht davon abhängt, welche Kugeln bei vorangegangenen Ziehungen aufgetreten sind. In dieser Bedeutung kann man von *unabhängigen Wiederholungen* sprechen.

Nehmen wir an, dass wir $n$ Realisationen erzeugt haben: $x_1, \ldots, x_n$. Es handelt sich um $n$ Realisationen der Zufallsvariablen $X$. Stattdessen können wir uns auch auf $n$ identische Kopien von $X$ beziehen, $X_1, \ldots, X_n$, und annehmen, dass $x_i$ eine Realisation von $X_i$ ist. Wie man später sehen wird, ist diese Vorstellung oft hilfreich. Die Variablen $(X_1, \ldots, X_n)$ nennen wir Stichprobenvariablen.

Für viele Methoden der induktiven Statistik ist es wichtig, dass die Stichprobenvariablen zwei Eigenschaften haben:

a) Die Stichprobenvariablen haben identische Verteilungen.

b) Die Stichprobenvariablen sind unabhängig voneinander, womit gemeint ist, dass folgende Bedingung gilt

$$\Pr(X_i = a_i \text{ für } i \in A) = \prod_{i \in A} \Pr(X_i = a_i), \qquad (2.1)$$

für beliebige Indexmengen $A \subseteq \{1, \ldots, n\}$ und beliebige Werte $a_i \in \mathcal{X}$.

Im hier vorausgesetzten Kontext sind diese beiden Bedingungen erfüllt.

Der Wertebereich der Stichprobenvariablen $(X_1, \ldots, X_n)$ wird oft als Stichprobenraum (sample space) bezeichnet. Kann z.B. $X$ die Werte 0 und 1 annehmen, besteht der Stichprobenraum aus allen möglichen Folgen aus $n$ Nullen und Einsen. Es gibt $2^n$ Möglichkeiten. Allerdings spielt die Reihenfolge keine Rolle, so dass sich die Anzahl der zu unterscheidenden Stichproben verringert.

### 2.2.2 Stichprobenfunktionen

In Abschnitt 1.2.5 haben wir Funktionen einfacher Zufallsvariablen betrachtet. Im gegenwärtigen Kontext sind Stichprobenfunktionen relevant, die allgemein die Form

$$Y = g(X_1, \ldots, X_n) \qquad (2.2)$$

haben. Eine oft verwendete Stichprobenfunktion dieser Art ist das arithmetische Mittel

$$Y = \frac{1}{n}(X_1 + \cdots + X_n). \qquad (2.3)$$

Für den Erwartungswert und die Varianz gilt[1]

$$\mathrm{E}(Y) = \mathrm{E}(X) \quad \text{und} \quad \mathrm{Var}(Y) = \frac{1}{n}\mathrm{Var}(X). \qquad (2.4)$$

---

[1] Denn für unabhängige Zufallsvariablen gilt: $\mathrm{E}(\sum_{i=1}^{n} X_i) = \sum_{i=1}^{n} \mathrm{E}(X_i)$ und $\mathrm{Var}(\sum_{i=1}^{n} X_i) = \sum_{i=1}^{n} \mathrm{Var}(X_i)$. Außerdem braucht man die Formeln (1.15) und (1.16).

Als Funktionen der Stichprobenvariablen sind auch Stichprobenfunktionen Zufallsvariablen. In jeder Stichprobe, die im Stichprobenraum realisiert wird, nimmt eine Stichprobenfunktion einen bestimmten Wert an.

## 2.3 Die Maximum-Likelihood-Methode

### 2.3.1 Likelihoodfunktionen

Es sei $X$ eine diskrete Zufallsvariable mit dem Wertebereich $\mathcal{X}$. Wir nehmen an, dass uns die Wahrscheinlichkeitsfunktion von $X$ bis auf die Werte gewisser Parameter, die wir allgemein mit $\theta$ (theta) bezeichnen, bekannt ist. Um das anzudeuten, verwenden wir die Notation $f(x; \theta)$. $\theta$ kann ein einfacher Parameter sein oder einen Vektor bezeichnen, der aus mehreren Parametern besteht.

Werte von $\theta$ sollen geschätzt werden. Wir nehmen an, dass Daten aus $n$ Realisationen von $X$ zur Verfügung stehen: $x_1, \ldots, x_n$. Diese Daten können als Werte von Stichprobenvariablen $X_1, \ldots, X_n$ aufgefasst werden, die unabhängig sind und der Wahrscheinlichkeitsfunktion $f(x; \theta)$ entsprechen. Wenn $\theta$ bekannt wäre, könnte man also die Wahrscheinlichkeit für die Realisation der Daten mittels

$$\mathcal{L}(\theta) = \prod_{i=1}^{n} f(x_i; \theta) \qquad (2.5)$$

berechnen. Diese Funktion wird als Likelihoodfunktion bezeichnet. Sie zeigt, wie die Wahrscheinlichkeit der beobachteten Daten von einem unbekannten Parametervektor abhängt.

Die grundlegende Idee der Maximum-Likelihood-Methode (kurz: ML-Methode) besteht nun darin, als Schätzwert $\hat{\theta}$ denjenigen Wert von $\theta$ zu verwenden, der die Likelihoodfunktion maximiert. Aus rechentechnischen Gründen ist es oft leichter, die logarithmierte Likelihoodfunktion

$$\ell(\theta) = \log(\mathcal{L}(\theta)) = \sum_{i=1}^{n} \log(f(x_i; \theta)) \qquad (2.6)$$

zu verwenden, die als Loglikelihoodfunktion bezeichnet wird. Da log(), womit hier stets der natürliche Logarithmus gemeint ist, eine

## 2.3.2 Ein einziger Parameter

Es sei $X$ eine binäre Zufallsvariable mit der Wahrscheinlichkeitsfunktion

$$f(x;\pi) = \begin{cases} \pi & \text{wenn } x = 1, \\ 1 - \pi & \text{wenn } x = 0. \end{cases} \qquad (2.7)$$

Mit den Daten einer Stichprobe $(x_1, \ldots, x_n)$ kann man die Likelihoodfunktion

$$\mathcal{L}(\pi) = \prod_{i=1}^{n} f(x_i;\pi) = \prod_{i=1}^{n} \pi^{x_i}(1-\pi)^{1-x_i} \qquad (2.8)$$

bilden. Die Loglikelihoodfunktion ist[2]

$$\ell(\pi) = \sum_{i=1}^{n} x_i \log(\pi) + (1 - x_i)\log(1 - \pi). \qquad (2.9)$$

Die erste Ableitung ist[3]

$$\frac{\partial \ell(\pi)}{\partial \pi} = \sum_{i=1}^{n} x_i \frac{1}{\pi} - (1 - x_i)\frac{1}{1 - \pi} \qquad (2.10)$$

bzw., wenn $s$ die Anzahl der $x_i$ mit dem Wert 1 bezeichnet,

$$\frac{\partial \ell(\pi)}{\partial \pi} = \frac{s}{\pi} - \frac{n-s}{1-\pi}. \qquad (2.11)$$

Eine notwendige Bedingung für ein Maximum besteht darin, dass diese Ableitung Null wird. Also findet man als Lösung den ML-Schätzwert $\hat{\pi} = s/n$.[4] Er entspricht der Häufigkeit, mit der $X$ in der Stichprobe den Wert 1 annimmt.

Zur Illustration betrachten wir eine Zufallsvariable mit $\pi = 0.7$ und erzeugen $n = 20$ Realisationen:

---

[2] Rechenregel: $\log(a^b) = b \log(a)$.
[3] Rechenregel: $d \log(x)/dx = 1/x$.
[4] Dies gilt, weil die Loglikelihoodfunktion konkav ist, was man anhand ihrer 2. Ableitung zeigen kann, die überall negativ ist (Aufgabe 2). Man sieht es auch in Abb. 2.2.

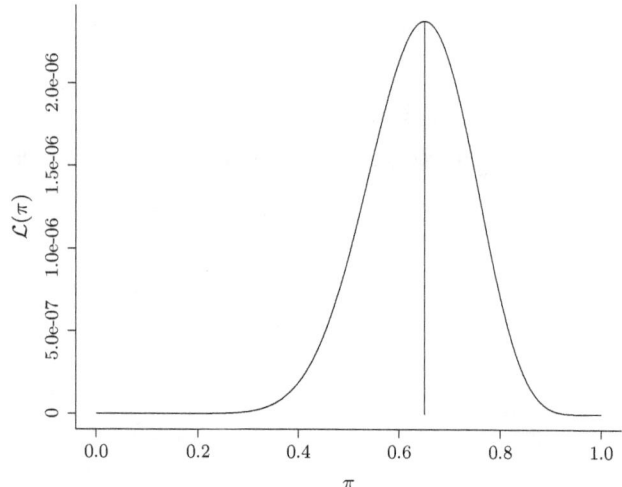

**Abb. 2.1:** Likelihoodfunktion (2.12).

$$1, 0, 1, 0, 0, 1, 1, 0, 1, 1, 0, 1, 1, 1, 1, 0, 1, 1, 1, 0$$

Eine 1 kommt 13 Mal, eine 0 kommt 7 Mal vor; $s = 13$, $\hat{\pi} = s/n = 0.65$. Die Likelihoodfunktion kann so geschrieben werden:

$$\mathcal{L}(\pi) = \pi^{13} (1 - \pi)^{7}. \tag{2.12}$$

Die Graphik in Abb. 2.1 zeigt diese Funktion, die nur sehr kleine Werte annimmt. Auch deshalb ist es oft rechentechnisch günstiger, die Loglikelihoodfunktion zu verwenden, die in diesem Fall die Form

$$\ell(\pi) = 13 \log(\pi) + 7 \log(1 - \pi) \tag{2.13}$$

hat. Sie wird in Graphik 2.2 gezeigt.

### 2.3.3 Mehrere Parameter

Jetzt betrachten wir eine Zufallsvariable $X$ mit dem Wertebereich $\mathcal{X} = \{1, \ldots, m\}$. Als Zufallsgenerator dient eine Urne, die für $j = 1, \ldots, m$ $q_j$ Kugeln enthält, die mit der Zahl $j$ beschriftet sind.

## 2.3 Die Maximum-Likelihood-Methode

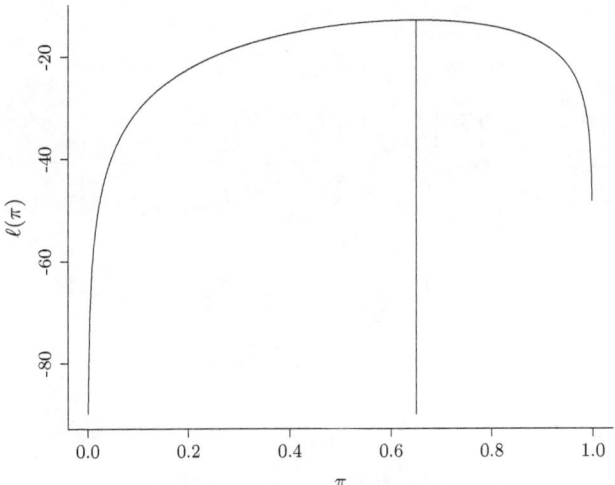

**Abb. 2.2:** Loglikelihoodfunktion (2.13).

Die Gesamtzahl der Kugeln ist also $q = \sum_j q_j$. Die Wahrscheinlichkeiten $\pi_j = q_j/q$ sind unbekannt und sollen geschätzt werden. Dafür steht eine Stichprobe $(x_1, \ldots, x_n)$ zur Verfügung.

Die Wahrscheinlichkeitsfunktion von $X$ hängt jetzt von dem Parametervektor $\pi = (\pi_1, \ldots, \pi_m)$ ab; sie hat eine sehr einfache Form:

$$\Pr(X = j) = f(j; \pi_1, \ldots, \pi_m) = \pi_j. \tag{2.14}$$

Da $\sum_j \pi_j = 1$ ist, braucht man nur $m-1$ Parameter zu schätzen. Wir verwenden deshalb für die Likelihoodfunktion folgende Wahrscheinlichkeitsfunktion:

$$\begin{aligned}\Pr(X = j) &= f(j; \pi_1, \ldots, \pi_{m-1}) \\ &= \begin{cases} \pi_j & \text{wenn } j < m, \\ \pi_m & \text{wenn } j = m, \end{cases}\end{aligned} \tag{2.15}$$

wobei $\pi_m = 1 - \pi_1 - \cdots - \pi_{m-1}$ ist. Also kann man die Likelihoodfunktion als

$$\mathcal{L}(\pi_1, \ldots, \pi_{m-1})$$
$$= \prod_{i=1}^{n} \prod_{j=1}^{m-1} \pi_j^{d_{ij}} (1 - \pi_1 - \cdots - \pi_{m-1})^{d_{im}} \quad (2.16)$$

schreiben, wobei $d_{ij} = 1$ ist, wenn $x_i = j$ ist, andernfalls $d_{ij} = 0$. Als Loglikelihoodfunktion erhält man

$$\ell(\pi_1, \ldots, \pi_{m-1})$$
$$= \sum_{i=1}^{n} \sum_{j=1}^{m-1} d_{ij} \log(\pi_j) + d_{im} \log(1 - \pi_1 - \cdots - \pi_{m-1}). \quad (2.17)$$

Die Ableitung ist

$$\frac{\partial \ell(\pi_1, \ldots, \pi_{m-1})}{\partial \pi_j} = \sum_{i=1}^{n} \frac{d_{ij}}{\pi_j} - \frac{d_{im}}{1 - \pi_1 - \cdots - \pi_{m-1}}. \quad (2.18)$$

Nullsetzen dieser Ableitung (unter Verwendung von $s_j = \sum_i d_{ij}$) führt zu

$$\frac{s_j}{\hat{\pi}_j} = \frac{s_m}{1 - \hat{\pi}_1 - \cdots - \hat{\pi}_{m-1}}. \quad (2.19)$$

Daraus findet man zunächst $\hat{\pi}_m = s_m/n$,[5] und dann für $j = 1, \ldots, m-1$

$$\hat{\pi}_j = s_j \frac{\hat{\pi}_m}{s_m} = \frac{s_j}{n} \left( n \frac{\hat{\pi}_m}{s_m} \right) = \frac{s_j}{n}. \quad (2.20)$$

Auch in diesem Beispiel entsprechen die ML-Schätzwerte den beobachteten Häufigkeiten.

## 2.4 Stetige Zufallsvariablen

### 2.4.1 Likelihoodfunktionen

Jetzt betrachten wir eine stetige Zufallsvariable $X$ mit einer Dichtefunktion $f(x; \theta)$, deren Form bekannt ist, die jedoch von einem unbekannten Parametervektor $\theta$ abhängt. Wiederum nehmen wir

---
[5]Denn aus (2.19) folgt: $\sum_{j=1}^{m-1} s_j = \sum_{j=1}^{m-1} \hat{\pi}_j \frac{s_m}{\hat{\pi}_m}$, und daraus $n - s_m = (1 - \hat{\pi}_m) \frac{s_m}{\hat{\pi}_m}$, woraus man $\hat{\pi}_m = \frac{s_m}{n}$ gewinnt.

an, dass uns eine Stichprobe $(x_1, \ldots, x_n)$ zur Verfügung steht, die als eine Realisation von Stichprobenvariablen $(X_1, \ldots, X_n)$ aufgefasst werden kann; d.h. die $X_i$ sind unabhängig und haben die gleiche Verteilung wie $X$.

Eine Likelihoodfunktion kann dann vollständig analog zum diskreten Fall (im Abschnitt 2.3.1) gebildet werden:

$$\mathcal{L}(\theta) = \prod_{i=1}^{n} f(x_i; \theta). \tag{2.21}$$

Im Unterschied zu einer hypothetischen Wahrscheinlichkeit wird dieser Ausdruck jetzt als eine hypothetische (durch hypothetische Dichtefunktionen definierte) Likelihood der beobachteten Stichprobe interpretiert.[6] Die ML-Methode besteht ganz analog darin, als Schätzwert für $\theta$ denjenigen Wert zu verwenden, der die Likelihoodfunktion maximiert.

## 2.4.2 Parameter der Normalverteilung

Als Beispiel betrachten wir die Normalverteilung, deren Dichte $\phi(x; \mu, \sigma)$ in Abschnitt 1.3.4 besprochen wurde. Eine geeignete Stichprobe vorausgesetzt, können die Parameter $\mu$ und $\sigma$ mit der Likelihoodfunktion

$$\mathcal{L}(\mu, \sigma) = \prod_{i=1}^{n} \frac{1}{\sqrt{2\pi}\,\sigma} \exp\left(-\frac{1}{2}\left[\frac{x_i - \mu}{\sigma}\right]^2\right) \tag{2.22}$$

geschätzt werden. Die Loglikelihoodfunktion ist

$$\ell(\mu, \sigma) = \sum_{i=1}^{n} -\log(\sqrt{2\pi}) - \log(\sigma) - \frac{1}{2}\left[\frac{x_i - \mu}{\sigma}\right]^2, \tag{2.23}$$

---

[6] Als Produkt von Dichtefunktionen handelt es sich nicht um eine Wahrscheinlichkeit. Man kann jedoch $f(x_i; \theta)$ als näherungsweise proportional zu einer Wahrscheinlichkeit

$$\int_{x_i - \epsilon}^{x_i + \epsilon} f(u; \theta)\, du$$

ansehen, die in einer kleinen Umgebung von $x_i$ definiert ist.

woraus man die partiellen Ableitungen

$$\frac{\partial \ell(\mu,\sigma)}{\partial \mu} = \sum_{i=1}^{n} \left[\frac{x_i - \mu}{\sigma}\right] \frac{1}{\sigma} \qquad (2.24)$$

und

$$\frac{\partial \ell(\mu,\sigma)}{\partial \sigma} = \sum_{i=1}^{n} -\frac{1}{\sigma} + \frac{(x_i - \mu)^2}{\sigma^3} \qquad (2.25)$$

gewinnt. Nullsetzen dieser Ableitungen liefert

$$\hat{\mu} = \frac{1}{n} \sum_{i=1}^{n} x_i \quad \text{und} \quad \hat{\sigma}^2 = \frac{1}{n} \sum_{i=1}^{n} (x_i - \hat{\mu})^2. \qquad (2.26)$$

Die ML-Schätzwerte entsprechen dem Mittelwert bzw. der Varianz, die man deskriptiv aus der Stichprobe berechnen kann.

Zur Illustration betrachten wir 20 Realisationen einer normalverteilten Zufallsvariablen $X$ mit $\mu = 1$ und $\sigma = 2$:

$$-0.12, 0.54, 4.12, 1.14, 1.26, 4.43, 1.92, -1.53, -0.37, 0.11,$$
$$3.45, 1.72, 1.8, 1.22, -0.11, 4.57, 2, -2.93, 2.4, 0.05$$

Der Mittelwert ist $\hat{\mu} = 1.284$, die geschätzte Standardabweichung ist $\hat{\sigma} = 1.895$. Abbildung 2.3 zeigt die Loglikelihoodfunktion (2.23) als eine Funktion nur von $\mu$ ($\sigma = \hat{\sigma}$ fixiert), Abbildung 2.4 zeigt die Loglikelihoodfunktion als eine Funktion nur von $\sigma$ ($\mu = \hat{\mu}$ fixiert).

## 2.5 Annahmen über Verteilungen

Die ML-Methode zur Schätzung der Parameter einer Verteilung einer Zufallsvariablen $X$ setzt eine Annahme über die Form der Verteilung voraus. Das ist unproblematisch, wenn $X$ eine diskrete Zufallsvariable ist. Denn dann kann man von einem saturierten Modell ausgehen, bei dem es, wenn $m$ die Anzahl der möglichen Werte von $X$ ist, $m - 1$ Parameter gibt. Ausgehend von einer Schätzung dieses Modells kann man dann prüfen, ob ggf. weitere Vereinfachungen möglich sind. (Das wird in Abschnitt 4.3 näher besprochen.)

## 2.5 Annahmen über Verteilungen

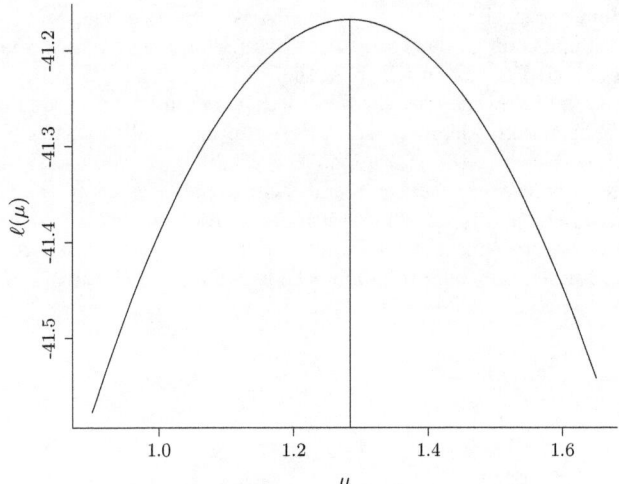

**Abb. 2.3:** Loglikelihoodfunktion als Funktion von $\mu$.

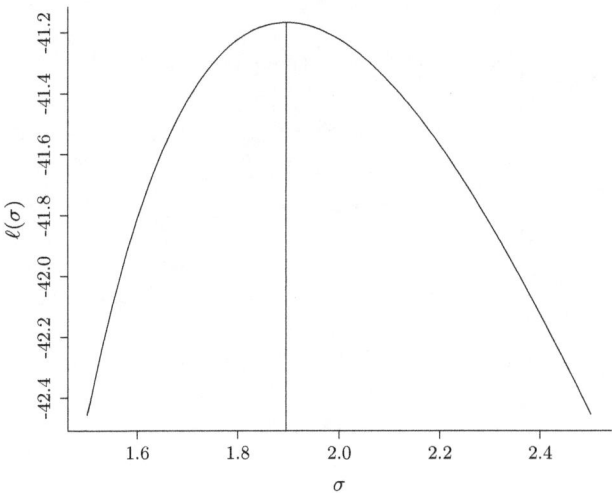

**Abb. 2.4:** Loglikelihoodfunktion als Funktion von $\sigma$.

Bei einer stetigen Zufallsvariablen $X$ ist es jedoch fraglich, ob ein Verteilungsmodell, das man für die ML-Schätzung benötigt, angemessen ist. Das haben wir in Abschnitt 2.4 vorausgesetzt und mit der Annahme begründet, dass $X$ durch einen im Prinzip bekannten Zufallsgenerator definiert ist. Aber wenn in den Wirtschafts- und Sozialwissenschaften stetige Zufallsvariablen verwendet werden, trifft das meistens nicht zu. Somit stellt sich stets erneut die Frage, welches Verteilungsmodell verwendet werden sollte. Wir werden später besprechen, dass sich die Überlegungen zu dieser Frage bei deskriptiven und bei probabilistischen Modellen unterscheiden.

## 2.6 Aufgaben

1. Es sei $X$ eine Zufallsvariable mit dem Wertebereich $\{1,2,3\}$. Beschreiben Sie den Stichprobenraum bei 5 unabhängigen Wiederholungen und geben Sie die Anzahl der möglichen Stichproben $\{x_1, x_2, x_3, x_4, x_5\}$ an.

2. Zeigen Sie, dass die 2. Ableitung der Loglikelihoodfunktion (2.9) für alle möglichen Werte von $\pi$ negativ ist.

3. Betrachten Sie die in Abschnitt 1.2.6 definierte Zufallsvariable $Z$ mit der Wahrscheinlichkeitsfunktion $f(z; \pi)$. Nehmen sie an, dass Sie über eine Stichprobe $(z_1, \ldots, z_n)$ verfügen.

   a) Formulieren Sie die Likelihoodfunktion.

   b) Formulieren Sie die Loglikelihoodfunktion.

   c) Zeigen Sie, wie man durch eine Maximierung der Loglikelihoodfunktion einen Schätzwert für $\pi$ berechnen kann.

4. Gehen Sie von den Überlegungen in Abschnitt 2.3.3 aus.

   a) Entwickeln Sie eine Likelihoodfunktion zum Schätzen der Wahrscheinlichkeiten eines Würfels unter der Annahme, dass die Augenzahlen 1,...,5 mit der gleichen Wahrscheinlichkeit $\pi$ auftreten, die Augenzahl 6 jedoch mit einer anderen Wahrscheinlichkeit auftreten kann.

   b) Bilden Sie die Ableitung der Loglikelihoodfunktion.

   c) Finden Sie eine Formel zur Berechnung des ML-Schätzwerts für $\pi$.

## 2.7 R-Code

Likelihood (Abbildung 2.1) und Loglikelihood (Abbildung 2.2):

```r
# Daten durch Seed reproduzierbar machen
set.seed(seed = 123)
# Ziehung aus Binomialverteilung
x <- rbinom(n = 20, size = 1, prob = 0.7)
# Mittelwert berechnen
m.x <- mean(x)

# Likelihoodfunktion
lf <- function(x,p) {
  prod( p^x * (1-p)^(1-x) )
}
# Loglikelihoodfunktion
llf <- function(x,p) {
  sum( x*log(p) + (1-x)*log(1-p) )
}

# Sequenz erzeugen
p.vec <- seq(from = 0.001, to = 0.999, by = 0.001)
p.l <- length(p.vec)  # Länge des Vektors p
# Ergebnisvektoren erzeugen
l.p <- rep(NA, times = p.l)
ll.p <- rep(NA, times = p.l)

# Werte für Likelihoodfunktion berechnen
for (i in 1:p.l) {
  l.p[i] <- lf(x = x, p = p.vec[i])
}
# Werte für Loglikelihoodfunktion berechnen
for (i in 1:p.l) {
  ll.p[i] <- llf(x = x, p = p.vec[i])
}

# Likelihood plotten
plot(x = p.vec, y = l.p, xlim = c(0,1),
     type = "l", bty = "l",
     xlab = expression(pi), ylab = expression(paste("L", (pi))))
segments(x0 = m.x, y0 = 0, x1 = m.x, y1 = lf(x = x, p = m.x))

# Loglikelihood plotten
plot(x = p.vec, y = ll.p,
     type = "l", bty = "l",
     xlab = expression(pi), ylab = expression(paste("l", (pi))))
segments(x0 = m.x, y0 = -90, x1 = m.x, y1 = llf(x = x, p = m.x))
```

Likelihood (Abbildung 2.3) und Loglikelihood (Abbildung 2.4):

```r
# Daten durch Seed reproduzierbar machen
set.seed(123)
# Ziehung aus Normalverteilung
```

## 2.7 R-Code

```r
x <- rnorm(n = 20, mean = 1, sd = 2)
# Werte runden
x <- round(x = x, digits = 2)
# Mittelwert berechnen
m.x <- mean(x)
# Standardabweichung berechnen
s.x <- sqrt( mean((x - m.x)^2) )

# Loglikelihoodfunktion
llf <- function(x,mu,sig) {
  sum( -log(sqrt(2*pi)) -log(sig) -0.5*((x-mu)/sig)^2)
}

# Erwartungswerte und Standardabweichungen
mu.vec <- seq(0.9,1.65,0.01)
sig.vec <- seq(1.5,2.5,0.01)
mu.l <- length(mu.vec)
sig.l <- length(sig.vec)
# Ergebnisvektoren erzeugen
ll.mu <- rep(NA,mu.l)
ll.sig <- rep(NA,sig.l)

# Parameterschätzungen
for (i in 1:mu.l) {
  ll.mu[i] <- llf(x = x, mu = mu.vec[i], sig = s.x)
}
for (i in 1:sig.l) {
  ll.sig[i] <- llf(x = x, mu = m.x, sig = sig.vec[i])
}


# Loglikelihoodfunktion als Funktion des Erwartungswerts
plot(x = mu.vec, y = ll.mu,
     xlab = expression(mu), ylab = expression(paste("l", (mu))),
     type = "l", bty = "l")
segments(x0 = m.x, y0 = -41.5936,
         x1 = m.x, y1 = llf(x = x, mu = m.x, sig = s.x))
# Loglikelihoodfunktion als Funktion der Standardabweichung
plot(x = sig.vec, y = ll.sig,
     xlab = expression(sigma), ylab = expression(paste("l", (sigma))),
     type = "l", bty = "l")
segments(x0 = s.x, y0 = -42.51,
         x1 = s.x, y1 = llf(x = x, mu = m.x, sig = s.x))
```

# 3
# Schätzfunktionen und Konfidenzintervalle

*Schätzfunktionen sind Berechnungsvorschriften, mit denen aus Beobachtungen Schätzwerte für die Parameter einer Wahrscheinlichkeitsverteilung ermittelt werden können. Während die Güte der Schätzwerte ohne Kenntnis der wahren Parameterwerte nicht beurteilt werden kann, können die Eigenschaften von Schätzfunktionen genauer untersucht werden. In diesem Kapitel werden verschiedene Schätzfunktionen besprochen und die Konstruktion von Konfidenzintervallen dargestellt.*

3.1  Einleitung ............................... 50
3.2  Schätzfunktionen ......................... 50
    3.2.1  Definition und Beispiele .............. 50
    3.2.2  Erwartungstreue Schätzfunktionen ........ 51
3.3  Die Binomialverteilung ................... 51
3.4  Verteilungen von Schätzfunktionen ............ 53
    3.4.1  Die Schätzfunktion für $\pi$ .............. 54
    3.4.2  Die Schätzfunktion für $\mu$ .............. 55
3.5  Konfidenzintervalle ...................... 57
3.6  Formelanhang ........................... 60
3.7  Aufgaben .............................. 62
3.8  R-Code ............................... 63

## 3.1 Einleitung

Im vorangegangenen Kapitel wurde besprochen, wie man Werte von Parametern einer Wahrscheinlichkeitsverteilung schätzen kann. Kann man beurteilen, wie gut die jeweils ermittelten Schätzwerte sind? Das ist nicht möglich, denn der vorausgesetzte Wert der zu schätzenden Größe ist nicht bekannt.

Um gleichwohl zu Aussagen zu gelangen, besteht ein verbreiteter Ansatz in einer Veränderung der Fragestellung: Anstatt zu fragen, wie gut Schätzwerte sind, wird untersucht, wie gut das Verfahren ist, mit dem Schätzwerte erzeugt werden können. Diesem Zweck dienen Schätzfunktionen, die als Funktionen von Stichprobenvariablen definiert sind und jeweils ein Verfahren zur Erzeugung von Schätzwerten repräsentieren.

In diesem Kapitel besprechen wir diesen Ansatz. Zunächst werden einfache Schätzfunktionen besprochen; dann werden ihre Verteilungen betrachtet; und schließlich besprechen wir, was unter sogenannten Konfidenzintervallen zu verstehen ist.

## 3.2 Schätzfunktionen

### 3.2.1 Definition und Beispiele

Schätzfunktionen sind Stichprobenfunktionen, die Schätzwerte für einen oder mehrere Parameter einer Wahrscheinlichkeitsverteilung liefern. Eine allgemeine Schreibweise ist

$$\hat{\hat{\theta}} = g(X_1, \ldots, X_n). \tag{3.1}$$

$X_1, \ldots, X_n$ sind Stichprobenvariablen, $\theta$ bezeichnet den (oder die) zu schätzenden Parameter; das doppelte Dach soll darauf hinweisen, dass es sich um eine Schätzfunktion, also um eine Zufallsvariable handelt. Verwendet man die Werte einer bestimmten Stichprobe $(x_1, \ldots, x_n)$, liefert

$$\hat{\theta} = g(x_1, \ldots, x_n) \tag{3.2}$$

einen bestimmten Schätzwert; darauf weist das einfache Dach hin.[1]

---
[1] Die Unterscheidung zwischen einem einfachen und einem doppelten Dach ist unüblich, aber hilfreich, um immer wieder an den wichtigen Unterschied zwischen einer Schätzfunktion und ihren Werten zu erinnern.

Schätzfunktionen können auf unterschiedliche Weisen konstruiert werden. Man spricht von ML-Schätzfunktionen, wenn Schätzwerte mit der ML-Methode erzeugt werden. Ist zum Beispiel $X$ eine binäre Zufallsvariable, ist

$$\hat{\hat{\pi}} = \frac{1}{n} \sum_{i=1}^{n} X_i \qquad (3.3)$$

eine ML-Schätzfunktion (vgl. Abschnitt 2.3.2).

Wie in Abschnitt 2.3.3 gezeigt wurde, erhält man die gleiche Schätzfunktion für den Mittelwert $\mu$ einer normalverteilten Zufallsvariablen. Eine Schätzfunktion für ihre Varianz ist

$$\hat{\hat{\sigma}}^2 = \frac{1}{n} \sum_{i=1}^{n} (X_i - \hat{\hat{\mu}})^2. \qquad (3.4)$$

### 3.2.2 Erwartungstreue Schätzfunktionen

Da Schätzfunktionen Zufallsvariablen sind, kann man von ihrem Erwartungswert sprechen. Eine Schätzfunktion ist erwartungstreu, wenn ihr Erwartungswert gleich dem zu schätzenden Parameter ist. Zum Beispiel ist die Schätzfunktion (3.3) erwartungstreu, denn

$$E(\hat{\hat{\pi}}) = \frac{1}{n} \sum_{i=1}^{n} E(X_i) = \pi, \qquad (3.5)$$

da die Stichprobenvariablen die gleiche Verteilung wie $X$ haben.

Die Schätzfunktion (3.4) für die Varianz ist allerdings nicht erwartungstreu. Das sieht man folgendermaßen (ausführlicher Beweis im Anhang):

$$E(\hat{\hat{\sigma}}^2) = \frac{n-1}{n} \sigma^2. \qquad (3.6)$$

## 3.3 Die Binomialverteilung

Wahrscheinlichkeitsverteilungen von Stichprobenfunktionen spielen in der induktiven Statistik eine wichtige Rolle. In diesem Abschnitt besprechen wir ein einfaches Beispiel. Wir beziehen uns gedanklich auf eine Urne, in der sich Kugeln befinden, die mit den Zahlen

0 oder 1 beschriftet sind. Die Anzahlen sind uns nicht bekannt. Als Zufallsgenerator betrachtet kann die Urne jedoch durch eine Zufallsvariable $X$ mit dem Wertebereich $\mathcal{X} = \{0, 1\}$ repräsentiert werden, die eine Wahrscheinlichkeitsverteilung $\Pr(X = 1) = \pi$ hat. Allerdings ist der Parameter $\pi$ nicht bekannt.

Um diesen Parameter zu schätzen, benötigt man Daten. Wir nehmen an, dass uns $n$ Realisationen von $X$ zur Verfügung stehen: $(x_1, \ldots, x_n)$, die wir als eine Realisation der Stichprobenvariablen $(X_1, \ldots, X_n)$ auffassen. Wir betrachten die Stichprobenfunktion

$$S_n = X_1 + \cdots + X_n. \tag{3.7}$$

Mögliche Werte sind $0, 1, \ldots, n$, die Anzahl von Einsen, die bei $n$ unabhängigen Wiederholungen auftreten können.

Die Wahrscheinlichkeitsverteilung von $S_n$ hängt vom Parameter $\pi$ ab. Um $\Pr(S_n = s)$ zu berechnen, muss man sich zunächst überlegen, auf wieviele verschiedene Weisen $s$ Einsen in einer Folge von $n$ Nullen und Einsen auftreten können. Die Antwort liefert der Binomialkoeffizient

$$\binom{n}{s} = \frac{n!}{s!\,(n-s)!} \tag{3.8}$$

(Aufgabe 2). Also findet man die Wahrscheinlichkeit

$$\Pr(S_n = s) = \binom{n}{s} \pi^s (1-\pi)^{n-s} \tag{3.9}$$

(Aufgabe 3). Diese Verteilung wird Binomialverteilung mit dem Parameter $\pi$ genannt. Erwartungswert und Varianz sind durch

$$\mathrm{E}(S_n) = n\,\pi \quad \text{und} \quad \mathrm{Var}(S_n) = n\,\pi\,(1-\pi) \tag{3.10}$$

bestimmt.

Für die Binomialverteilung gilt ein Grenzwertsatz von Moivre-Laplace, den wir später verwenden werden. Ausgehend von $S_n$ wird zunächst die standardisierte Form

$$Y_n = \frac{S_n - \mathrm{E}(S_n)}{\sqrt{\mathrm{Var}(S_n)}} = \frac{S_n - n\,\pi}{\sqrt{n\,\pi\,(1-\pi)}} \tag{3.11}$$

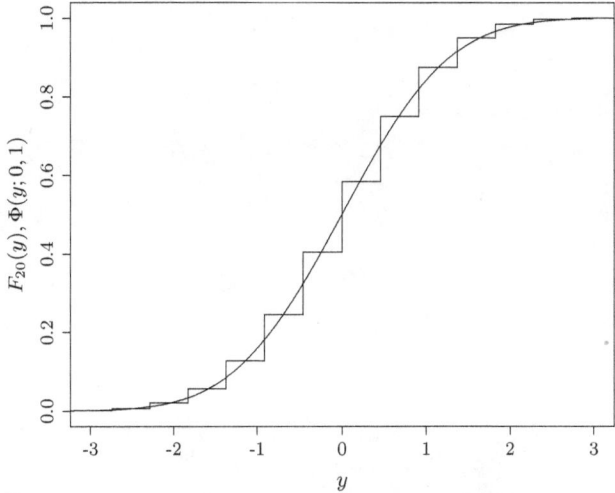

**Abb. 3.1:** Approximation einer Binomialverteilung mit $\pi = 0.6$ durch eine Normalverteilung für $n = 20$.

gebildet, die den Mittelwert 0 und die Varianz 1 hat. Die Verteilungsfunktion von $Y_n$ ist

$$F_n(y) = \Pr(Y_n \leq y) = \Pr(S_n \leq y\sqrt{n\pi(1-\pi)} + n\pi). \quad (3.12)$$

Nun gilt[2]

$$\lim_{n \to \infty} F_n(y) = \Phi(y; 0, 1), \quad (3.13)$$

d.h., die Folge der Verteilungsfunktionen $F_n(y)$ konvergiert gegen die Verteilungsfunktion einer Standardnormalverteilung.

Zur Illustration betrachten wir eine Binomialverteilung mit $\pi = 0.6$. Die Abbildungen 3.1 und 3.2 zeigen die Verteilungsfunktionen für $n = 20$ und $n = 100$ als Treppenfunktionen und jeweils die Verteilungsfunktion einer Standardnormalverteilung.

## 3.4 Verteilungen von Schätzfunktionen

Schätzfunktionen sind Zufallsvariablen, deren Wahrscheinlichkeitsverteilungen von den jeweils unbekannten (zu schätzenden) Para-

---

[2] Einen Beweis findet man z.B. bei Fisz (1976: 229).

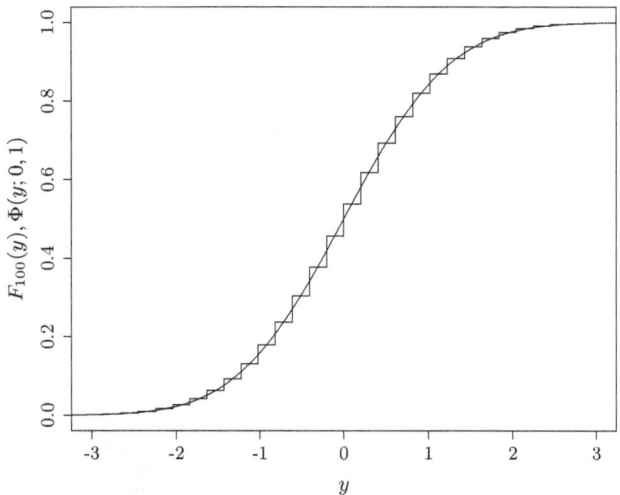

**Abb. 3.2:** Approximation einer Binomialverteilung mit $\pi = 0.6$ durch eine Normalverteilung für $n = 100$.

metern abhängen. Das wird im Folgenden anhand von Beispielen illustriert.

### 3.4.1 Die Schätzfunktion für $\pi$

Wir beginnen mit der Schätzfunktion (3.3) für den Parameter $\pi$ der Verteilung einer binären Zufallsvariablen $X$. Sie kann auch in der Form

$$\hat{\hat{\pi}} = \frac{1}{n} S_n \qquad (3.14)$$

geschrieben werden, wobei $S_n = \sum_{i=1}^{n} X_i$ ist. $S_n$ ist eine diskrete Zufallsvariable, die die Werte $0, 1, \ldots, n$ annehmen kann. Also ist auch die Schätzfunktion $\hat{\hat{\pi}}$ diskret mit dem Wertebereich $\{0, 1/n, \ldots, 1\}$.

Wie in Abschnitt 3.3 besprochen wurde, hat $S_n$ eine Binomialverteilung mit dem Parameter $\pi$, und daraus gewinnt man sofort auch die Verteilung der Schätzfunktion:

$$\Pr\bigl(S_n/n = s/n\bigr) = \binom{n}{s} \pi^s (1-\pi)^{n-s}. \qquad (3.15)$$

## 3.4 Verteilungen von Schätzfunktionen

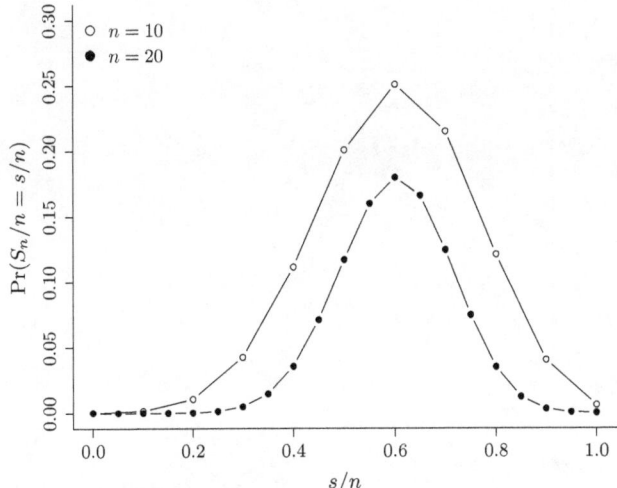

**Abb. 3.3:** Binomialverteilungen mit $\pi = 0.6$.

Da $E(S_n) = n\pi$ ist, ist der Mittelwert der Verteilung der Schätzfunktion gleich $\pi$. Da $\text{Var}(S_n) = n\pi(1-\pi)$ ist, hat die Schätzfunktion die Varianz

$$\text{Var}(S_n/n) = \frac{1}{n^2}\text{Var}(S_n) = \frac{\pi(1-\pi)}{n}. \tag{3.16}$$

Je größer der Stichprobenumfang $n$ ist, desto kleiner wird die Varianz und desto genauere Schätzwerte kann man erwarten (Abb. 3.3).

### 3.4.2 Die Schätzfunktion für $\mu$

Es sei jetzt $X$ eine normalverteilte Zufallsvariable mit der Dichtefunktion

$$\phi(x;\mu,\sigma) = \frac{1}{\sqrt{2\pi}\,\sigma}\,\exp\left(-\frac{1}{2}\left[\frac{x-\mu}{\sigma}\right]^2\right). \tag{3.17}$$

Auch die Schätzfunktion für den Mittelwert $\mu$, also

$$\hat{\hat{\mu}} = \frac{1}{n}\sum_{i=1}^{n} X_i \tag{3.18}$$

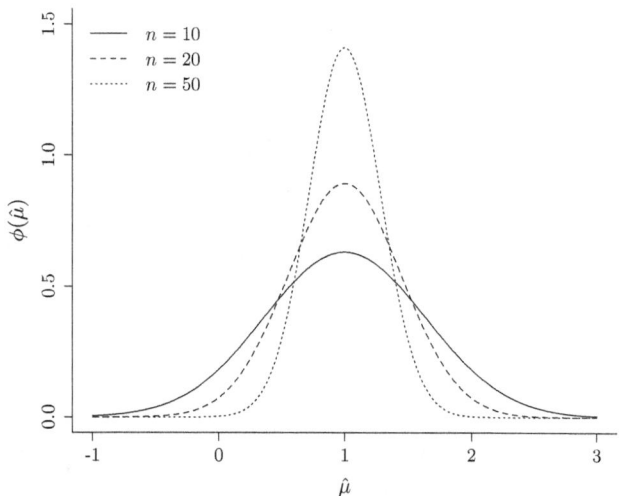

**Abb. 3.4:** Dichtefunktionen (3.19) mit $\mu = 1$ und $\sigma = 2$ bei unterschiedlichen Stichprobenumfängen.

ist dann eine stetige Zufallsvariable. Wenn man $\mu$ und $\sigma$ als gegeben annimmt, kann man ihre Dichtefunktion durch

$$\phi\left(\hat{\mu}; \mu, \frac{\sigma}{\sqrt{n}}\right) = \frac{1}{\sqrt{2\pi}\,\sigma/\sqrt{n}} \exp\left(-\frac{1}{2}\left[\frac{\hat{\mu} - \mu}{\sigma/\sqrt{n}}\right]^2\right) \qquad (3.19)$$

bestimmen, wobei $\hat{\mu}$ die möglichen Werte der Schätzfunktion $\hat{\mu}$ bezeichnet.[3] Es handelt sich um die Dichtefunktion einer Normalverteilung mit dem Mittelwert $\mu$ und der Varianz $\sigma^2/n$. Abb. 3.4 illustriert, dass auch in diesem Fall die Varianz der Schätzfunktion mit wachsendem Stichprobenumfang kleiner wird.

Allerdings tritt ein Problem auf, wenn man die Verteilung (3.19) für die Schätzfunktion $\hat{\mu}$ verwenden möchte. Denn wenn man $\sigma$ nicht kennt (was meistens der Fall ist), kann man stattdessen nur

---

[3] Man verwendet folgenden Satz der mathematischen Statistik: Wenn $X_j$ ($j = 1, 2$) zwei unabhängige Zufallsvariablen mit Dichtefunktionen $\phi(x; \mu_j, \sigma_j)$ sind, dann ist auch ihre Summe normalverteilt und hat die Dichtefunktion $\phi(x; \mu_1 + \mu_2, \sqrt{\sigma_1^2 + \sigma_2^2})$. Beweise findet man z.B. bei Fisz (1976: 181) und bei Casella/Berger (2008: 155f).

eine zufällige Realisation $\hat{\sigma}$ der Schätzfunktion

$$\hat{\hat{\sigma}} = \sqrt{\frac{1}{n} \sum_{i=1}^{n} (X_i - \hat{\hat{\mu}})^2} \qquad (3.20)$$

verwenden (vgl. Abschnitt 2.4.2). Ein solcher Schätzwert variiert aber zwischen den Stichproben und kann deshalb nicht als ein fester Parameter für die Verteilung der Schätzfunktion angenommen werden.

Um dieses Problem zu umgehen, hat W. S. Gosset (Pseudonym: Student) vorgeschlagen, eine andere Schätzfunktion

$$\frac{\hat{\hat{\mu}} - \mu}{\hat{\hat{\sigma}}/\sqrt{n-1}} \qquad (3.21)$$

zu verwenden. Die Verteilung dieser Zufallsvariablen wird Students $t$-Verteilung mit $n-1$ Freiheitsgraden genannt. Sie ist symmetrisch um den Mittelwert 0. Wir verzichten hier auf ihre Darstellung, die recht kompliziert ist. Entscheidend ist, dass diese Verteilung nicht mehr von dem unbekannten Parameter $\sigma$ abhängt. Wichtig ist auch, dass die $t$-Verteilung bei wachsendem $n$ sehr schnell gegen eine Normalverteilung konvergiert. Bereits bei $n = 30$ gibt es kaum noch einen Unterschied, so dass man in den meisten Anwendungen anstelle der $t$-Verteilung eine Normalverteilung verwenden kann.

## 3.5 Konfidenzintervalle

Wir beziehen uns auf eine Zufallsvariable $X$ mit der in (3.17) definierten Dichtefunktion $\phi(x; \mu, \sigma)$ und betrachten die Schätzfunktion (3.18) für $\mu$. Stichprobenvariablen seien durch $\mathbf{X} = (X_1, \ldots, X_n)$ gegeben.[4] Wenn eine Stichprobe $(x_1, \ldots, x_n)$ gegeben ist, erhält man den Schätzwert $\hat{\mu} = \sum_{i=1}^{n} x_i / n$.

Bei der Konstruktion von Konfidenzintervallen bemüht man sich, zwei Stichprobenfunktionen $a(\mathbf{X})$ und $b(\mathbf{X})$ zu finden, so dass für eine vorgegebene Zahl $\alpha$ (zwischen 0 und 1)

$$\Pr(a(\mathbf{X}) \leq \mu \leq b(\mathbf{X}); \mu) = 1 - \alpha \qquad (3.22)$$

---

[4] Zur Bezeichnung von Vektoren verwenden wir fettgedruckte Buchstaben.

gilt, und zwar für alle möglichen Werte des unbekannten Parameters $\mu$, der für die Berechnung des Wahrscheinlichkeitsausdrucks vorausgesetzt wird.[5] $1 - \alpha$ wird Konfidenzniveau genannt; oft wird ein Wert $1 - \alpha = 0.95$ verwendet. Als Konfidenzintervalle werden dann Intervalle $[a, b]$ bezeichnet, deren Endpunkte Realisationen von $a(\mathbf{X})$ bzw. $b(\mathbf{X})$ sind.

Nehmen wir zunächst an, dass $\sigma$ bekannt ist. Dann kann man die Verteilung (3.19) verwenden, woraus folgt, dass

$$\frac{\hat{\hat{\mu}} - \mu}{\sigma/\sqrt{n}} \qquad (3.23)$$

für alle möglichen Werte von $\mu$ und $\sigma$ einer Standardnormalverteilung folgt. Daraus findet man für ein Konfidenzniveau $1 - \alpha$ und dem dazugehörigen Quantilswert der Standardnormalverteilung $u_{1-\alpha/2}$

$$\Pr\left(-u_{1-\alpha/2} \leq \frac{\hat{\hat{\mu}} - \mu}{\sigma/\sqrt{n}} \leq u_{1-\alpha/2}; \mu, \sigma\right) = 1 - \alpha. \qquad (3.24)$$

Die Wahl des üblichen Konfidenzniveaus $1 - \alpha = 0.95$ führt dann zu

$$\Pr\left(-1.96 \leq \frac{\hat{\hat{\mu}} - \mu}{\sigma/\sqrt{n}} \leq 1.96; \mu, \sigma\right) = 0.95. \qquad (3.25)$$

Hier bezieht sich die Wahrscheinlichkeitsaussage auf $\hat{\hat{\mu}}$; $\mu$ und $\sigma$ sind dafür vorausgesetzte Parameter. Durch eine einfache Umformung findet man

$$\Pr\left(\hat{\hat{\mu}} - 1.96\,\sigma/\sqrt{n} \leq \mu \leq \hat{\hat{\mu}} + 1.96\,\sigma/\sqrt{n}; \mu, \sigma\right) = 0.95. \qquad (3.26)$$

Für jeden Schätzwert $\hat{\mu}$ erhält man also ein Konfidenzintervall

$$[\,\hat{\mu} - 1.96\,\sigma/\sqrt{n}, \hat{\mu} + 1.96\,\sigma/\sqrt{n}\,]. \qquad (3.27)$$

Wenn $\sigma$ nicht bekannt ist, kann man die Stichprobenfunktion

$$\frac{\hat{\hat{\mu}} - \mu}{\hat{\hat{\sigma}}/\sqrt{n-1}} \qquad (3.28)$$

---

[5]Die Formulierung $\Pr(\ldots; \text{Parameter})$ soll stets bedeuten, dass für die Berechnung der Wahrscheinlichkeit die nach dem Semikolon angegebenen Parameter vorausgesetzt werden.

## 3.5 Konfidenzintervalle

betrachten, die nur von $\mu$ abhängt und einer $t$-Verteilung mit $n-1$ Freiheitsgraden folgt. Da diese Verteilung bekannt ist, kann man eine Zahl $t_{n-1}$ berechnen, so dass gilt

$$\Pr\left(-t_{n-1} \leq \frac{\hat{\mu} - \mu}{\hat{\sigma}/\sqrt{n-1}} \leq t_{n-1}; \mu\right) = 1 - \alpha. \quad (3.29)$$

Eine einfache Umformung liefert

$$\Pr\left(\hat{\mu} - t_{n-1}\,\hat{\sigma}/\sqrt{n-1} \leq \mu \leq \hat{\mu} + t_{n-1}\,\hat{\sigma}/\sqrt{n-1}; \mu\right) \\ = 1 - \alpha. \quad (3.30)$$

Mit Schätzwerten $\hat{\mu}$ und $\hat{\sigma}$ erhält man jetzt ein Konfidenzintervall

$$[\hat{\mu} - t_{n-1}\,\hat{\sigma}/\sqrt{n-1}, \hat{\mu} + t_{n-1}\,\hat{\sigma}/\sqrt{n-1}\,]. \quad (3.31)$$

Hier wird also anstelle von $u_{1-\alpha/2} = 1.96$ die Zahl $t_{n-1}$ verwendet, die vom Stichprobenumfang $n$ abhängt und bei kleinen Werten von $n$ etwas größer als 1.96 ist, so dass die Konfidenzintervalle anfangs etwas breiter sind.

Zur Illustration der Berechnung betrachten wir eine normalverteilte Zufallsvariable mit $\mu = 1$ und $\sigma = 2$. Wir verwenden einen Computer zur Erzeugung einer Stichprobe des Umfangs $n = 50$ und erhalten z.B. die Schätzwerte $\hat{\mu} = 0.949$ und $\hat{\sigma} = 2.149$. Unter der Annahme, dass $\sigma$ bekannt ist, erhält man das Konfidenzintervall

$$[\hat{\mu} - 1.96\,\sigma/\sqrt{n}, \hat{\mu} + 1.96\,\sigma/\sqrt{n}\,] = [0.39, 1.5]. \quad (3.32)$$

Wenn $\sigma$ nicht bekannt ist, verwendet man die $t$-Verteilung, in diesem Fall mit 49 Freiheitsgraden. Man bestimmt zunächst eine Zahl $t_{n-1}$, so dass $F_{n-1}(t_{n-1}) = 0.975$ (wobei $F_{n-1}$ die Verteilungsfunktion der $t$-Verteilung mit $n-1$ Freiheitsgraden ist). Für $n = 50$ findet man $t_{n-1,1-\alpha/2} = t_{49,0.975} = 2.01$. Also

$$[\hat{\mu} - t_{49,0.975}\,\hat{\sigma}/\sqrt{n-1}, \hat{\mu} + t_{49,0.975}\,\hat{\sigma}/\sqrt{n-1}\,] \\ = [0.33, 1.57]. \quad (3.33)$$

Wie sind diese Konfidenzintervalle zu interpretieren? Offenbar hängt das Konfidenzintervall von dem jeweils verwendeten Schätzwert $\hat{\mu}$ ab. Die Aussage, dass das Konfidenzintervall den zu schätzenden Parameter $\mu$ mit der Wahrscheinlichkeit 95 % enthält, hat deshalb keine sinnvolle Bedeutung. Vielmehr sind die Intervallgrenzen

Realisationen von Stichprobenfunktionen, so dass man stets unterschiedliche Konfidenzintervalle erhält. Konfidenzintervalle liefern keine Antwort auf die Frage, wie weit der zu schätzende Parameter von dem jeweils gefundenen Schätzwert abweicht. Insofern sie diesen Eindruck erwecken, können sie irreführend sein. Man kann aber Folgendes sagen: Wenn man das Schätzverfahren sehr oft mit unterschiedlichen Realisationen der Stichprobenvariablen wiederholen *würde*, dann *würde* man in etwa 95 % der Fälle ein Konfidenzintervall erhalten, das den zu schätzenden Parameter $\mu$ enthält. Konfidenzintervalle liefern also eine Charakterisierung des Schätzverfahrens, nicht des jeweils gefundenen Schätzwerts.

## 3.6 Formelanhang

Die Formel (3.6) kann folgendermaßen abgeleitet werden.

$$E(\hat{\sigma}^2) = \frac{1}{n}\sum_{i=1}^{n} E\left[\left(X_i - \hat{\mu}\right)^2\right] = \frac{1}{n}\sum_{i=1}^{n} E\left[\left((X_i - \mu) - (\hat{\mu} - \mu)\right)^2\right]$$

$$= \frac{1}{n}\sum_{i=1}^{n} E\left[(X_i - \mu)^2 + (\hat{\mu} - \mu)^2 - 2(X_i - \mu)(\hat{\mu} - \mu)\right]$$

Es gibt drei Summanden, die wir der Reihe nach betrachten. Für den ersten Summanden findet man

$$\frac{1}{n}\sum_{i=1}^{n} E\left[(X_i - \mu)^2\right] = \frac{1}{n}\sum_{i=1}^{n} \text{Var}(X_i) = \sigma^2.$$

Für den zweiten Summanden findet man

$$\frac{1}{n}\sum_{i=1}^{n} E\left[(\hat{\mu} - \mu)^2\right] = \frac{1}{n}\sum_{i=1}^{n} \text{Var}(\hat{\mu}) = \frac{1}{n}\sum_{i=1}^{n} \frac{\sigma^2}{n} = \frac{\sigma^2}{n}.$$

Für den dritten Summanden findet man zunächst

$$-\frac{2}{n}\sum_{i=1}^{n} E\left[(X_i - \mu)(\hat{\mu} - \mu)\right]$$

$$= -\frac{2}{n}\sum_{i=1}^{n} \left(E\left[(X_i - \mu)\hat{\mu}\right] - E\left[(X_i - \mu)\mu\right]\right).$$

## 3.6 Formelanhang

Da $\mathrm{E}\left[(X_i - \mu)\,\mu\right] = 0$ ist, erhält man

$$-\frac{2}{n}\sum_{i=1}^{n}\mathrm{E}\left[(X_i - \mu)\,\hat{\mu}\right] = -\frac{2}{n}\sum_{i=1}^{n}\mathrm{E}\left[(X_i - \mu)\,\frac{1}{n}\sum_{j=1}^{n}X_j\right]$$

$$= -\frac{2}{n}\sum_{i=1}^{n}\frac{1}{n}\mathrm{E}\left[(X_i - \mu)\,X_i + (X_i - \mu)\sum_{j\neq i}X_j\right].$$

Da $\mathrm{E}\left[(X_i - \mu)\sum_{j\neq i}X_j\right] = 0$ ist, bleibt nur noch

$$-\frac{2}{n}\sum_{i=1}^{n}\frac{1}{n}\mathrm{E}\left[(X_i - \mu)\,X_i\right] = -\frac{2}{n}\sum_{i=1}^{n}\frac{1}{n}\mathrm{E}\left[X_i^2 - \mu X_i\right]$$

$$= -\frac{2}{n}\sum_{i=1}^{n}\frac{1}{n}\left(\mathrm{E}\left[X_i^2\right] - \mu^2\right) = -\frac{2}{n}\sum_{i=1}^{n}\frac{1}{n}\mathrm{Var}\left(X_i\right) = -\frac{2}{n}\sigma^2.$$

Fasst man die drei Summanden zusammen, erhält man schließlich

$$\mathrm{E}(\hat{\hat{\sigma}}^2) = \sigma^2 + \frac{\sigma^2}{n} - \frac{2}{n}\sigma^2 = \frac{n-1}{n}\sigma^2.$$

## 3.7 Aufgaben

1. Vollziehen Sie den Beweis im Anhang nach.

2. Binomialverteilung

   a) Berechnen Sie die Binomialkoeffizienten $\binom{5}{2}$ und $\binom{10}{2}$.

   b) Zeigen Sie durch Aufzählen, dass $\binom{5}{2}$ die Anzahl der Möglichkeiten angibt, um zwei Elemente aus einer Menge von fünf Elementen auszuwählen.

3. In einer Urne sind 7 rote und 3 schwarze Kugeln. Wie groß ist die Wahrscheinlichkeit, dass man bei 10 Ziehungen

   a) sechs rote Kugeln,

   b) sieben rote Kugeln,

   c) 8 rote Kugeln erhält.

4. Im Beispiel in Abschnitt 3.5 wurden zwei Konfidenzintervalle zum Niveau 0.95 % berechnet. Berechnen Sie entsprechende Konfidenzintervalle mit dem Niveau $1 - \alpha = 0.99$.

## 3.8 R-Code

Grenzwertsatz von Moivre-Laplace für Binomialverteilungen:

```
# Anzahl an Durchführungen
n <- 20
# Erfolgswahrscheinlichkeit bei einer Durchführung
p <- 0.6
# Erwartungswert der ZV
e <- n*p
# Standardabweichung der ZV
s <- sqrt( n*p*(1-p) )

# Approximation durch Standardnormalverteilung
xx <- seq(from = -3, to = 3, by = 0.01)
fxx <- pnorm(q = xx, mean = 0, sd = 1)

# standardisierte Form bilden
x <- (0:n-e)/s
# Verteilungsfunktion der Binomialverteilung (n = 20)
fx <- pbinom(q = 0:n, size = n, prob = p)
# Plotten der Verteilungsfunktion der Binomialverteilung
plot(x = x, y = fx,
     xlab = "y", ylab = expression(paste(F[20], "(y), ",
                                         Phi, "(y;0,1)")),
     type = "s", xlim = c(-3,3))
# Plot überlagern mit Verteilungsfunktion
# einer Standardnormalverteilung
lines(x = xx, y = fxx)

# Analoges Vorgehen für n = 100
n <- 100
e <- n*p
s <- sqrt(n*p*(1-p))
x <- (0:n-e)/s
fx <- pbinom(q = 0:n, size = n, prob = p)
plot(x = x, y = fx,
     xlab = "y", ylab = expression(paste(F[100], "(y), ",
                                         Phi, "(y;0,1)")),
     type = "s", xlim = c(-3,3))
lines(x = xx, y = fxx)
```

Binomialverteilungen mit Erfolgs-WSK von 0.6:

```
# n = 20
p <- 0.6
n <- 20
x <- (0:n)/n
fx <- dbinom(x = 0:n, size = n, prob = p)
plot(x = x, y = fx, type = "b", pch = 19,
     xlim = c(0,1), ylim = c(0,0.3), bty = "l",
     xlab = "s/n",
     ylab = expression(paste("Pr(", S[n], "/n = s/n)")))
```

```
# n = 10
n <- 10
x <- (0:n)/n
fx <- dbinom(x = 0:n, size = n, prob = p)
lines(x = x, y = fx, type = "b", pch = 21)

# Legende
legend('topleft', c("n = 10", "n = 20"),
       bty = "n", pch = c(21, 19), cex = 1.6)
```

Dichtefunktionen bei unterschiedlichen Stichprobenumfängen:

```
# Stichprobenumfänge und Parameter
n1 <- 10
n2 <- 20
n3 <- 50
m <- 1
s <- 2

# Sequenz und Werte der Dichtefunktionen
xx <- seq(from = -1, to = 3, by = 0.01)
f1 <- dnorm(x = xx, mean = m, sd = s/sqrt(n1))
f2 <- dnorm(x = xx, mean = m, sd = s/sqrt(n2))
f3 <- dnorm(x = xx, mean = m, sd = s/sqrt(n3))

# Plot
plot(x = xx, y = f1, type = "l", bty = "l",
     xlim = c(-1,3), ylim = c(0,1.5), lty = 1,
     xlab = expression(hat(mu)), ylab = expression(phi(hat(mu))))
lines(x = xx, y = f2, lty = 2)
lines(x = xx, y = f3, lty = 3)

# Legende
legend('topleft', c("n = 10", "n = 20", "n = 50"),
       bty = "n", lty = c(1, 2, 3), cex = 1.6)
```

# 4
# Testen von Hypothesen

*Hypothesen können als Annahmen über Werte der Parameter einer Wahrcheinlichkeitsverteilung aufgefasst werden. Im Rahmen von Hypothesentests wird festgelegt, bei welchen realisierten Stichproben eine Hypothese abgelehnt werden sollte, weil die Wahrscheinlichkeit für das Auftreten der Stichprobe sehr klein wäre. In diesem Kapitel betrachten wir die Grundidee des Testens von Hypothesen anhand einfacher Beispiele.*

| | | |
|---|---|---|
| 4.1 | Einleitung | 66 |
| 4.2 | Signifikanztests | 66 |
| | 4.2.1 Einfache Hypothesen | 66 |
| | 4.2.2 Festlegung des kritischen Bereichs | 67 |
| | 4.2.3 Fehler erster und zweiter Art | 67 |
| | 4.2.4 Zusammengesetzte Hypothesen | 69 |
| | 4.2.5 Signifikanztests und Konfidenzintervalle | 70 |
| | 4.2.6 Werden Nullhypothesen bestätigt? | 71 |
| 4.3 | Likelihood-Ratio-Tests | 71 |
| | 4.3.1 Schematische Darstellung | 71 |
| | 4.3.2 Ist der Würfel fair? | 73 |
| | 4.3.3 Bedeutung des Stichprobenumfangs | 75 |
| | 4.3.4 Zusammengesetzte Hypothesen | 76 |
| 4.4 | Aufgaben | 78 |
| 4.5 | R-Code | 79 |

## 4.1 Einleitung

Viele Überlegungen der induktiven Statistik beschäftigen sich mit dem Testen statistischer Hypothesen. Dabei versteht man unter einer statistischen Hypothese eine Annahme über einen oder mehrere Parameter einer Wahrscheinlichkeitsverteilung einer Zufallsvariablen. In diesem Kapitel besprechen wir einige Grundgedanken. Dabei wird wie in den bisherigen Kapiteln angenommen, dass die jeweils betrachteten Zufallsvariablen als Repräsentationen artifizieller Zufallsgeneratoren aufgefasst werden können. Wir beginnen mit einfachen Signifikanztests, bei denen es nur eine Hypothese gibt. Dann besprechen wir Grundgedanken der Likelihood-Ratio-Tests.

## 4.2 Signifikanztests

Wir beziehen uns auf eine diskrete Zufallsvariable $X$ mit einer Wahrscheinlichkeitsfunktion $f(x; \theta)$, wobei $\theta$ ein einfacher Parameter ist.

### 4.2.1 Einfache Hypothesen

Eine einfache Hypothese ist eine Annahme über einen bestimmten Wert von $\theta$, so dass daraufhin die Verteilung von $X$ vollständig bestimmt ist. Die Hypothese, die man testen möchte, wird als Nullhypothese $H_0$ bezeichnet. Für den Test wird angenommen, dass man sich auf Stichprobenvariablen $X_1, \ldots, X_n$ beziehen kann, die die gleiche Verteilung wie $X$ haben. Dies erlaubt es, Stichprobenfunktionen der Form

$$T = g(X_1, \ldots, X_n) \tag{4.1}$$

zu definieren, die als Teststatistiken bezeichnet werden. Es wird dann ein kritischer Bereich $R$ definiert, der folgende Bedeutung hat: Die Hypothese $H_0$ wird abgelehnt, wenn die Teststatistik $T$ einen Wert in $R$ annimmt, andernfalls wird sie nicht abgelehnt.

Für die Ermittlung des kritischen Bereichs wird eine Sicherheitswahrscheinlichkeit (auch Irrtumswahrscheinlichkeit genannt) $\alpha$ vorausgesetzt.[1] Es soll

$$\Pr(T \in R\,;\,H_0) \leq \alpha \tag{4.2}$$

---
[1] Der Wert $1 - \alpha$ wird oft als Signifikanzniveau bezeichnet.

## 4.2 Signifikanztests

gelten, d.h., die Wahrscheinlichkeit, dass die Hypothese $H_0$ abgelehnt wird, obwohl sie zutreffend ist, soll nicht größer als $\alpha$ sein. Oft wird die Sicherheitswahrscheinlichkeit $\alpha = 0.05$ verwendet.

Als Ergebnis erhält man ein Testverfahren für die Nullhypothese. Von dem Testverfahren zu unterscheiden sind Anwendungen, die darin bestehen, die Hypothese mit einem bestimmten Wert von $T$, der aus einer bestimmten Stichprobe gewonnen wurde, zu prüfen. Das Testverfahren kann der Idee nach beliebig oft angewendet werden.

### 4.2.2 Festlegung des kritischen Bereichs

Als Beispiel betrachten wir eine binäre Zufallsvariable $X$ mit $\Pr(X = 1) = \pi$. Der Test soll sich auf eine einfache Hypothese $H_0$ ($\pi = \pi_0$) beziehen. Stichprobenvariablen seien durch $X_1, \ldots, X_n$ gegeben. Als Teststatistik wird $S_n/n$ verwendet, wobei $S_n = X_1 + \cdots + X_n$ ist.

In diesem Fall erscheint es plausibel, die Nullhypothese abzulehnen, wenn die Teststatistik einen Wert liefert, der viel kleiner oder viel größer als $\pi_0$ ist. Der kritische Bereich sollte also aus zwei Teilintervallen

$$R = [\,0, r_a\,] \cup [\,r_b, 1\,] \tag{4.3}$$

bestehen, so dass

$$\Pr(S_n/n \leq r_a \text{ oder } S_n/n \geq r_b; \pi_0) \leq \alpha \tag{4.4}$$

gilt. Dabei sollte $r_a$ möglichst groß, $r_b$ möglichst klein sein.

Um die Werte zu bestimmen, muss man die Verteilung der Teststatistik unter der Annahme von $H_0$ betrachten. Für eine numerische Illustration nehmen wir $n = 20$ und $\pi_0 = 0.6$ an. Tabelle 4.1.1 zeigt die Verteilung der Teststatistik. Wenn $\alpha = 0.05$ ist, wird man in diesem Beispiel $r_a = 0.35$ und $r_b = 0.85$ wählen.

### 4.2.3 Fehler erster und zweiter Art

Fehler erster Art bestehen darin, dass die Nullhypothese abgelehnt wird, obwohl sie richtig ist. Fehler zweiter Art bestehen darin, dass die Nullhypothese nicht abgelehnt wird, obwohl sie falsch ist. Das Auftreten von Fehlern erster Art wird durch die Sicherheitswahrscheinlichkeit kontrolliert, wobei man von einer unterstellten

**Tabelle 4.1:** Binomialverteilung mit $\pi = 0.6$ und $n = 20$

| $s$ | $s/n$ | $\Pr(S_n \leq s)$ | $s$ | $s/n$ | $\Pr(S_n \leq s)$ |
|---|---|---|---|---|---|
| 0 | 0.00 | 0.0000 | 11 | 0.55 | 0.4044 |
| 1 | 0.05 | 0.0000 | 12 | 0.60 | 0.5841 |
| 2 | 0.10 | 0.0000 | 13 | 0.65 | 0.7500 |
| 3 | 0.15 | 0.0000 | 14 | 0.70 | 0.8744 |
| 4 | 0.20 | 0.0003 | 15 | 0.75 | 0.9490 |
| 5 | 0.25 | 0.0016 | 16 | 0.80 | 0.9840 |
| 6 | 0.30 | 0.0065 | 17 | 0.85 | 0.9964 |
| 7 | 0.35 | 0.0210 | 18 | 0.90 | 0.9995 |
| 8 | 0.40 | 0.0565 | 19 | 0.95 | 1.0000 |
| 9 | 0.45 | 0.1275 | 20 | 1.00 | 1.0000 |
| 10 | 0.50 | 0.2447 | | | |

Richtigkeit der Nullhypothese ausgeht. Was kann man über Fehler der zweiten Art sagen?

Eine Schwierigkeit besteht darin, dass man eine Wahrscheinlichkeit für $T \notin R$ unter der Annahme, dass $H_0$ falsch ist, nicht berechnen kann. Um dennoch Informationen zu gewinnen, kann man untersuchen, wie die Wahrscheinlichkeit, die Nullhypothese abzulehnen, von der Gesamtheit der möglichen Parameterwerte abhängt, also $\Pr(T \in R\,;\,\theta)$. Als Funktion von $\theta$ betrachtet, spricht man von einer Gütefunktion des Tests.

In unserem Beispiel muss

$$G(\pi) = \Pr(T \in R\,;\,\pi) = 1 - \sum_{s=8}^{16} \binom{n}{s} \pi^s (1-\pi)^{n-s} \qquad (4.5)$$

berechnet werden. Diese Gütefunktion (mit $n = 20$) wird in Abb. 4.1 als durchgezogene Linie gezeigt. Die gestrichelte Linie (1 - Gütefunktion) zeigt, wie die Wahrscheinlichkeit von Fehlern zweiter Art von möglichen Parameterwerten abhängt. Wäre beispielsweise $\pi = 0.5$, würde man mit einer recht hohen Wahrscheinlichkeit die Nullhypothese nicht ablehnen, obwohl sie falsch wäre.

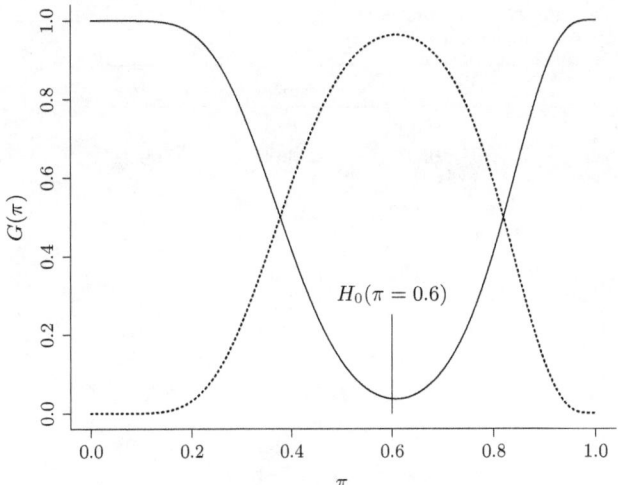

**Abb. 4.1:** Durchgezogen: Gütefunktion(4.5). Gestrichelt: 1 - Gütefunktion.

### 4.2.4 Zusammengesetzte Hypothesen

Von einer zusammengesetzten Hypothese (composite hypothesis) spricht man, wenn es mehr als nur einen möglichen Wert für den unbekannten Parameter gibt. Oft werden Intervalle verwendet. Wir knüpfen an das bisherige Beisiel an und betrachten die Nullhypothese $H_0 [\pi_0 \leq \pi \leq \pi_1]$.

Wiederum liegt es nahe, einen kritischen Bereich zu ermitteln, der wie in (4.3) aus zwei Teilen besteht und jetzt den Bedingungen

$$\Pr(S_n/n \leq r_a; \pi_0) \leq \alpha' \quad \text{und} \quad \Pr(S_n/n \geq r_b; \pi_1) \leq \alpha'' \quad (4.6)$$

genügt, wobei $\alpha' + \alpha'' = \alpha$. Dabei sollte $r_a$ möglichst groß, $r_b$ möglichst klein sein.

Zur Illustration verwenden wir die Hypothese $H_0 [0.5 \leq \pi \leq 0.7]$. Für Stichprobenumfänge $n = 20$ findet man aus Tabelle 4.2: $r_a = 0.25$, $r_b = 0.95$.

**Tabelle 4.2:** Binomialverteilung mit $\pi = 0.5$, $\pi = 0.7$ und $n = 20$. Pr steht hier für $\Pr(S_n \leq s)$.

| s | s/n | Pr, $\pi = 0.5$ | Pr, $\pi = 0.7$ |
|---|---|---|---|
| 0 | 0.00 | 0.0000 | 0.0000 |
| 1 | 0.05 | 0.0000 | 0.0000 |
| 2 | 0.10 | 0.0002 | 0.0000 |
| 3 | 0.15 | 0.0013 | 0.0000 |
| 4 | 0.20 | 0.0059 | 0.0000 |
| 5 | 0.25 | 0.0207 | 0.0000 |
| 6 | 0.30 | 0.0577 | 0.0003 |
| 7 | 0.35 | 0.1316 | 0.0013 |
| 8 | 0.40 | 0.2517 | 0.0051 |
| 9 | 0.45 | 0.4119 | 0.0171 |
| 10 | 0.50 | 0.5881 | 0.0480 |
| 11 | 0.55 | 0.7483 | 0.1133 |
| 12 | 0.60 | 0.8684 | 0.2277 |
| 13 | 0.65 | 0.9423 | 0.3920 |
| 14 | 0.70 | 0.9793 | 0.5836 |
| 15 | 0.75 | 0.9941 | 0.7625 |
| 16 | 0.80 | 0.9987 | 0.8929 |
| 17 | 0.85 | 0.9998 | 0.9645 |
| 18 | 0.90 | 1.0000 | 0.9924 |
| 19 | 0.95 | 1.0000 | 0.9992 |
| 20 | 1.00 | 1.0000 | 1.0000 |

### 4.2.5 Signifikanztests und Konfidenzintervalle

Bei einem Signifikanztest muss die Nullhypothese festgelegt werden, bevor eine Stichprobe gezogen und eine Teststatistik berechnet wird. Dies folgt daraus, dass der Test durch die Idee eines Testverfahrens motiviert wird. Zur Festlegung eines Testverfahrens gehört sowohl die zu prüfende Hypothese als auch ein kritischer Bereich und eine Irrtumswahrscheinlichkeit $\alpha$. Man kann deshalb nicht zunächst ein Konfidenzintervall berechnen und dann eine damit formulierte Hypothese mit einem Signifikanztest prüfen.

## 4.2.6 Werden Nullhypothesen bestätigt?

Bei einem Signifikanztest bildet die Nullhypothese den Fokus. Mit dem Test soll festgestellt werden, ob die Daten, die aus einer Stichprobe zur Verfügung stehen, gegen die Nullhypothese sprechen.[2] Was für eine Information liefert ein Testergebnis, das *nicht* gegen die Nullhypothese spricht? Man kann darin normalerweise keine Bestätigung der Nullhypothese sehen. Das folgt schon daraus, dass man stets mehrere unterschiedliche Nullhypothesen formulieren kann, die durch die Daten einer Stichprobe nicht abgelehnt werden.

## 4.3 Likelihood-Ratio-Tests

### 4.3.1 Schematische Darstellung

Wir beziehen uns auf eine Zufallsvariable $X$, deren Verteilung von einem Parametervektor $\theta = (\theta_1, \ldots, \theta_m)$ abhängt. Je nachdem ob $X$ diskret oder stetig ist, bezeichnet $f(x;\theta)$ die Wahrscheinlichkeits- oder die Dichtefunktion von $X$. Daten werden als Realisationen von Stichprobenvariablen $\mathbf{X} = (X_1, \ldots, X_n)$ aufgefasst, die wir jetzt in der Form

$$\mathbf{x} = (x_1, \ldots, x_n) \tag{4.7}$$

schreiben. Dann kann man die Likelihoodfunktion

$$\mathcal{L}(\theta; \mathbf{x}) = \prod_{i=1}^{n} f(x_i; \theta) \tag{4.8}$$

bilden. Die Gesamtheit der möglichen $\theta$-Werte (den sog. Parameterraum) bezeichnen wir durch $\Theta$.

Jetzt werden Hypothesen $H_0$ und $H_1$ eingeführt. Die Nullhypothese $H_0$ besagt, dass der unbekannte Parameterwert, der geschätzt werden soll, in einer Teilmenge $\Theta_0 \subset \Theta$ liegt. Die Alternativhypothese $H_1$ besagt, dass er in einer anderen Teilmenge $\Theta_1 \subset \Theta$ liegt.

Wenn diese Hypothesen gegeben sind, kann man sich auf ML-Schätzungen der Parameter beziehen. Um die Nullhypothese zu

---

[2] Ob das Auftreten eines Werts einer Teststatistik, der in den kritischen Bereich fällt, als „Evidenz" gegen die Nullhypothese interpretiert werden kann, ist in der Literatur umstritten. Eine ausführliche Diskussion findet man bei Royall (1997).

prüfen, wird der Likelihoodquotient

$$\Lambda(\mathbf{x}; H_0, H_1) = \frac{\max\{\mathcal{L}(\theta; \mathbf{x}) \mid \theta \in \Theta_0\}}{\max\{\mathcal{L}(\theta; \mathbf{x}) \mid \theta \in \Theta_0 \cup \Theta_1\}} \quad (4.9)$$

betrachtet ($\Lambda$ ist das großgeschriebene Lambda). Da $\mathbf{x}$ eine Realisation der Stichprobenvariablen ist, kann man diesen Ausdruck auch als Realisation einer Stichprobenfunktion

$$\Lambda(\mathbf{X}; H_0, H_1) = \frac{\max\{\mathcal{L}(\theta; \mathbf{X}) \mid \theta \in \Theta_0\}}{\max\{\mathcal{L}(\theta; \mathbf{X}) \mid \theta \in \Theta_0 \cup \Theta_1\}} \quad (4.10)$$

interpretieren.

Im Allgemeinen ist es schwierig, die Verteilung dieser Zufallsvariablen zu bestimmen. Es gibt jedoch folgenden Satz: Wenn $H_0$ zutrifft, dann konvergiert die Verteilungsfunktion der Teststatistik

$$\begin{aligned} D &= -2 \log\left(\Lambda(\mathbf{X}; H_0, H_1)\right) \\ &= 2\left(\max\{\log(\mathcal{L}(\theta; \mathbf{X}) \mid \theta \in \Theta_0 \cup \Theta_1)\} \right. \\ &\quad \left. - \max\{\log(\mathcal{L}(\theta; \mathbf{X}) \mid \theta \in \Theta_0)\}\right) \end{aligned} \quad (4.11)$$

unter gewissen Bedingungen mit steigendem Stichprobenumfang gegen eine $\chi^2$-Verteilung mit $k$ Freiheitsgraden.[3] Dabei ist $k$ die Anzahl der Parameter, die zwar in $\Theta_0 \cup \Theta_1$, jedoch nicht in $\Theta_0$ frei variieren können.

Die $\chi^2$-Verteilung mit $k$ Freiheitsgraden ist die Verteilung einer Summe $\sum_{j=1}^{k} X_j^2$, wobei die $X_j$ unabhängige Zufallsvariablen sind, die alle die gleiche Normalverteilung haben. Ihre Dichtefunktion ist mathematisch kompliziert und soll hier nicht näher dargestellt werden.[4] Abb. 4.2 zeigt Verteilungsfunktionen für unterschiedliche Anzahlen von Freiheitsgraden.

Da der Zähler von $\Lambda(\mathbf{x}; H_0, H_1)$ höchstens so groß werden kann wie der Nenner, gilt

$$0 \leq \Lambda(\mathbf{x}; H_0, H_1) \leq 1 \quad (4.12)$$

für alle möglichen Stichproben $\mathbf{x}$. Je kleiner $\Lambda(\mathbf{x}; H_0, H_1)$ ist, desto weniger wird $H_0$ durch die Daten $\mathbf{x}$ gestützt. Bei der Verwendung

---
[3] Dieser Satz wurde zuerst von S. S. Wilks (1938) bewiesen.
[4] Man findet ihre Behandlung in Lehrbüchern der mathematischen Statistik; z.B. bei Fisz (1976: 398ff) und bei Casella/Berger (2008: 101 u. 219ff).

## 4.3 Likelihood-Ratio-Tests

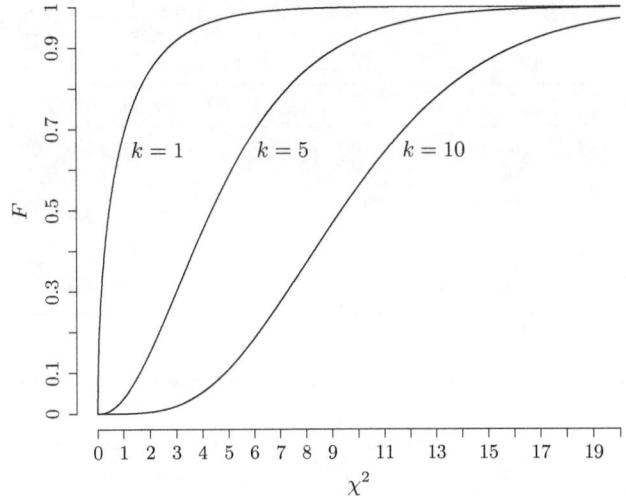

**Abb. 4.2:** Verteilungsfunktionen der $\chi^2$-Verteilung mit $k$ Freiheitsgraden.

der Teststatistik $D$, die nur nichtnegative Werte annehmen kann, gilt umgekehrt: Je größer $D$ ist, desto weniger wird $H_0$ durch die Daten gestützt. Man wird also die Hypothese $H_0$ ablehnen, wenn $D$ einen sehr großen Wert annimmt. Wie aus Abb. 4.2 ersichtlich ist, kann als kritischer Bereich mit der Sicherheitswahrscheinlichkeit $\alpha$ ein Intervall $[r, \infty]$ verwendet werden, bei dem die Verteilungsfunktion der $\chi^2$-Verteilung (mit der für $H_0$ passenden Anzahl von Freiheitsgraden) an der Stelle $r$ den Wert $1 - \alpha$ hat. Für $\alpha = 0.05$ ist z.B. $r = 11.070$ bei 5 Freiheitsgraden (Abb. 4.3).

### 4.3.2 Ist der Würfel fair?

Zur Illustration verwenden wir einen Würfel, bei dem die 6 mit der Wahrscheinlichkeit 0.2, die anderen Augenzahlen jeweils mit einer Wahrscheinlichkeit 0.16 auftreten. Für drei verschiedene Stichprobenumfänge werden Stichproben mit der in Abschnitt 1.4.1 beschriebenen Methode erzeugt. Tabelle 4.3 zeigt die Daten.

**Tabelle 4.3:** Beobachtete absolute Häufigkeiten bei der Simulation eines Würfels mit den in Spalte 2 angegebenen Wahrscheinlichkeiten.

| $j$ | $\pi_j$ | $s_j\ (n=50)$ | $s_j\ (n=500)$ | $s_j\ (n=1000)$ |
|---|---|---|---|---|
| 1 | 0.16 | 7  | 87  | 159 |
| 2 | 0.16 | 8  | 83  | 165 |
| 3 | 0.16 | 10 | 70  | 140 |
| 4 | 0.16 | 8  | 70  | 147 |
| 5 | 0.16 | 7  | 82  | 160 |
| 6 | 0.20 | 10 | 108 | 229 |

Wir beginnen mit der Hypothese $H_1$, für die der gesamte Parameterraum

$$\Theta_1 = \{(\pi_1,\ldots,\pi_5)\,|\,0 < \pi_j < 1, \Sigma_j \pi_j < 1\} \qquad (4.13)$$

verwendet wird. Die Loglikelihoodfunktion ergibt sich dann als (vgl. Abschnitt 2.3.3)

$$\ell(\pi_1,\ldots,\pi_5) = \sum_{j=1}^{5} s_j \log(\pi_j) + s_6 \log(1 - \pi_1 - \cdots - \pi_5). \qquad (4.14)$$

Den maximalen Wert erhält man, wenn man für $\pi_j$ die ML-Schätzwerte $s_j/n$ einsetzt. Mit den Daten aus Tabelle 4.3 ergibt sich für $n = 50$ der Wert $-89.036$.

Jetzt wird die Annahme betrachtet, dass der Würfel fair ist. Dies ist die Hypothese $H_0$, der der Parameterraum

$$\Theta_0 = \{(\pi_1,\ldots,\pi_5)\,|\,\pi_1 = \cdots = \pi_5 = 1/6\} \qquad (4.15)$$

entspricht (der in diesem Fall nur ein Element enthält). Setzt man diese Parameterwerte ein, erhält man die maximale Loglikelihood $-89.588$. Die Teststatistik $D$ hat also den Wert 1.104 und 5 Freiheitsgrade.

Abb. 4.3 zeigt noch einmal die Verteilungsfunktion der $\chi^2$-Verteilung mit 5 Freiheitsgraden. Für $\alpha = 0.05$ beginnt der kritische Bereich bei 11.070, denn $\Pr(\chi^2 \geq 11.070) = 0.05$. Da die Teststatistik deutlich kleiner ist, kann die Nullhypothese, dass der Würfel

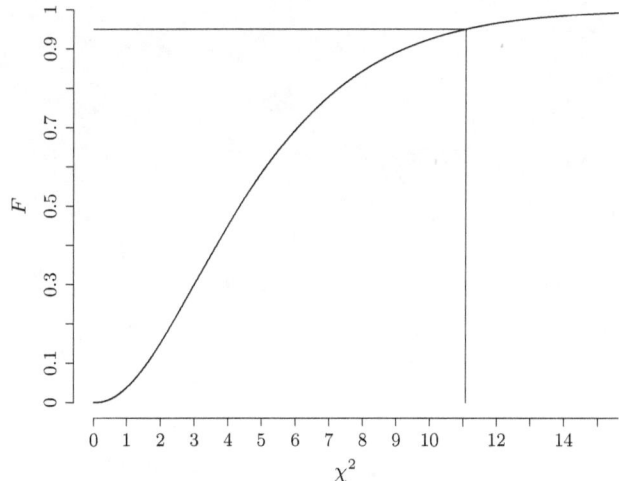

**Abb. 4.3:** Verteilungsfunktion der $\chi^2$-Verteilung mit 5 Freiheitsgraden.

fair ist, nicht abgelehnt werden. Anders verhält es sich beim Stichprobenumfang $n = 500$. In diesem Fall hat die Teststatistik den Wert 11.368, so dass die Nullhypothese verworfen werden sollte. (Für $n = 1000$ s. Aufgabe 2.)

### 4.3.3 Bedeutung des Stichprobenumfangs

In unserem Beispiel fanden wir beim Stichprobenumfang $n = 50$ ein nichtsignifikantes, bei $n = 500$ ein signifikantes Ergebnis. Ist das ein Zufall? Ja, denn die Stichproben wurden zufällig erzeugt. Bei einer Wiederholung mit anderen Stichproben würde es andere Ergebnisse geben. Dennoch gibt es einen Unterschied: Je größer der Stichprobenumfang, desto größer ist die Wahrscheinlichkeit, die Hypothese $H_0$ abzulehnen, wenn sie falsch ist.

Um das zu illustrieren, wiederholen wir den Test für jeden Stichprobenumfang 1000 Mal, so dass man sich ein Bild von den Verteilungen der Teststatistik machen kann. Abb. 4.4 zeigt das Ergebnis. Bei $n = 50$ wird $H_0$ in etwa 8 %, bei $n = 500$ in etwa 30 % und bei $n = 1000$ in etwa 55 % der Fälle abgelehnt.

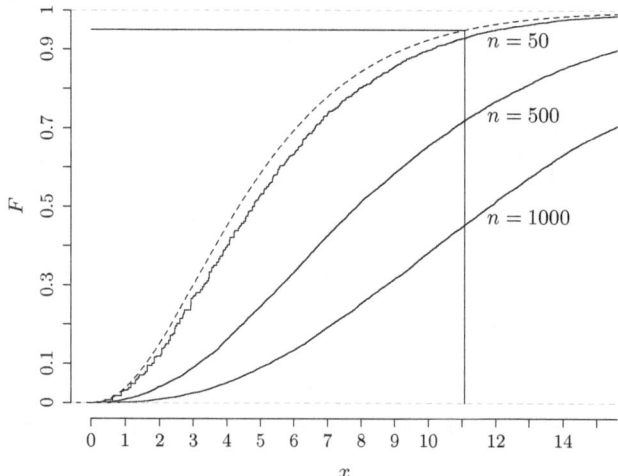

**Abb. 4.4:** Durchgezogen: Verteilungsfunktionen der Teststatistik bei $N = 1000$ Wiederholungen mit dem Stichprobenumfang $n$; gestrichelt: Verteilungsfunktion der $\chi^2$-Verteilung mit 5 Freiheitsgraden.

Das erscheint plausibel, weil $H_0$ nicht der Verteilung entspricht, die für die Datenerzeugung verwendet wurde. Somit kann mit steigendem Stichprobenumfang immer besser diskriminiert werden. Allerdings kommt man selbst bei einem Stichprobenumfang von $n = 1000$ in fast der Hälfte der Fälle zu dem Ergebnis, dass $H_0$ mit den Daten vereinbar ist.

### 4.3.4 Zusammengesetzte Hypothesen

Die Hypothese, dass der Würfel fair ist, ist eine einfache Hypothese, weil sie den unbekannten Parametervektor eindeutig festlegt. Dagegen spricht man von einer zusammengesetzten Hypothese, wenn der Wertebereich für $\theta$ mindestens zwei unterschiedliche Werte enthält.

Zur Illustration verwenden wir wiederum das Würfelbeispiel und betrachten jetzt die Nullhypothese $H'_0$ mit dem Parameterraum

$$\Theta'_0 = \{(\pi_1, \ldots, \pi_5) \mid \pi_1 = \cdots = \pi_5 = \pi, 0 < \pi < 1\}. \qquad (4.16)$$

Als Alternativhypothese verwenden wir wie bisher $H_1$ mit dem Parameterraum (4.13).
Der maximale Wert der Loglikelihood für $H_0'$ ist $-89.398$ (bei $n = 50$) bzw. $-891.799$ (bei $n = 500$). Somit hat die Teststatistik $D$ bei $n = 50$ den Wert $0.724$ und bei $n = 500$ den Wert $3.206$, jeweils mit 4 Freiheitsgraden. Bei diesen Freiheitsgraden und $\alpha = 0.05$ beträgt der kritische Wert $9.488$. Bei beiden Stichprobenumfängen wird also die Nullhypothese nicht abgelehnt. Das ist plausibel, weil der Parameterraum $\Theta_0'$ auch die Parameterwerte enthält, die für die Datenerzeugung verwendet wurden.

Da die Hypothese $H_0$ (der Würfel ist fair) ein Spezialfall von $H_0'$ ist, können auch diese beiden Hypothesen verglichen werden. Im LR-Test nimmt dann $H_0'$ die Rolle von $H_1$ an. Beim Stichprobenumfang $n = 50$ erhält man die Teststatistik

$$D = 2\left((-89.398) - (-89.588)\right) = 0.38.$$

Zu verwenden ist jetzt eine $\chi^2$-Verteilung mit einem Freiheitsgrad. Der kritische Wert ist $3.841$, so dass auch bei diesem Vergleich die Hypothese, dass der Würfel fair ist, nicht abgelehnt wird.

Anders verhält es sich wiederum beim Stichprobenumfang $n = 500$. Dann hat die Teststatistik den Wert $8.16$, so dass $H_0$ im Vergleich zu $H_0'$ abgelehnt wird (Aufgabe 4).

## 4.4 Aufgaben

1. Beziehen Sie sich auf das am Ende von Abschnitt 4.2.2 besprochene Beispiel. Bestimmen Sie einen kritischen Bereich für die Hypothese $H_0$ ($0.5 \leq \pi \leq 0.7$), wobei $n = 20$ und $\alpha = 0.05$ angenommen wird. Interpretieren Sie den Test.

2. Berechnen Sie den Wert der in Abschnitt 4.3.2 betrachteten Teststatistik für den Stichprobenumfang $n = 1000$ (Daten in Tabelle 4.3). Sollte die Nullhypothese verworfen werden?

3. Zeigen Sie, wie die in Abschnitt 4.3.4 angegebenen maximalen Loglikelihoodwerte für $H_0'$ berechnet werden können.

4. Berechnen Sie entsprechend den Überlegungen in Abschnitt 4.3.4 die Teststatistik für einen Vergleich von $H_0$ und $H_0'$ für den Stichprobenumfang $n = 500$.

5. Betrachten Sie eine normalverteilte Zufallsvariable $X$ mit der Dichtefunktion $\phi(x; \mu, \sigma)$.

    a) Nehmen Sie an, dass Sie eine Stichprobe $\mathbf{x} = (x_1, \ldots, x_n)$ haben. Entwickeln Sie eine Teststatistik, um mit einem LR-Test die Hypothese zu prüfen, dass $\mu = 0$ und $\sigma = 1$ ist.

    b) Drei Stichproben normalverteilter Zufallszahlen mit den Stichprobenumfängen $n = 50$, $n = 500$, $n = 1000$ haben folgende Ergebnisse erbracht: $n = 50 : \hat{\mu} = 0.138, \hat{\sigma} = 1.018$, $n = 500 : \hat{\mu} = 0.137, \hat{\sigma} = 1.067$, $n = 1000 : \hat{\mu} = 0.124, \hat{\sigma} = 1.099$. Wenden Sie jeweils den in (a) entwickelten LR-Test an.

## 4.5 R-Code

Likelihood-Ratio-Tests; Beispiel mit den Daten von Tabelle 4.3 (siehe Abschnitt 4.3.2):

```r
# Simulationsergebnisse
n50 <- c(7,8,10,8,7,10)
n500 <- c(87,83,70,70,82,108)
n1000 <- c(159,165,140,147,160,229)

# Loglikelihoodfunktion mit beobachteten Werten
ll50 <- sum( n50 * log(n50/50) ); ll50
ll500 <- sum( n500 * log(n500/500) ); ll500
ll1000 <- sum( n1000 * log(n1000/1000) ); ll1000

# Loglikelihoodfunktion bei Annahme der Nullhypothese:
# Annahme eines fairen Würfels
ll.h0.50 <- sum( n50*log(1/6) ); ll.h0.50
ll.h0.500 <- sum( n500*log(1/6) ); ll.h0.500
ll.h0.1000 <- sum( n1000*log(1/6) ); ll.h0.1000

# Teststatistik D
D50 <- 2 * (ll50 - ll.h0.50); D50
D500 <- 2 * (ll500 - ll.h0.500); D500
D1000 <- 2 * (ll1000 - ll.h0.1000); D1000

# kritischer Wert auf 5%-Niveau
krit <- qchisq(p = 1 - 0.05, df = 5); krit

# Test: D < krit: H0 kann nicht abgelehnt werden
D50 < krit
D500 < krit
D1000 < krit
```

Zusammengesetzte (zs) Hypothesen (siehe Abschnitt 4.3.4):

```r
# Loglikelihoodfunktion bei Annahme der zusammengesetzten Nullhypothese:
ll.zs.h0.50 <- sum( c(n50[1:5]*log(mean(n50[1:5]/50)),
                      n50[6]*log(1-sum(n50[1:5]/50))) )
ll.zs.h0.50

# Teststatistik D
D.zs.50 <- 2 * (ll50 - ll.zs.h0.50); D.zs.50

# kritischer Wert auf 5%-Niveau
krit <- qchisq(p = 1 - 0.05, df = 4); krit

# Test: D < krit: H0 kann nicht abgelehnt werden
D.zs.50 < krit
```

# 5
# Stichproben aus realen Gesamtheiten

*Während wir in den bisherigen Kapiteln artifizielle Zufallsgeneratoren betrachtet haben, gehen wir in diesem Kapitel von Variablen aus, die sich auf Merkmale von Elementen realer Grundgesamtheiten beziehen. Werden Elemente aus der Grundgesamtheit zufällig ausgewählt, können ausgehend von einer Stichprobe Verteilungen der Variablen in der Grundgesamtheit geschätzt werden. In diesem Kapitel setzen wir einfache Zufallsstichproben, bei denen es keine Stichprobenausfälle gibt, voraus.*

5.1 Einleitung . . . . . . . . . . . . . . . . . . . . . . . . . 82
5.2 Zufallsstichproben . . . . . . . . . . . . . . . . . . . . 83
    5.2.1 Stichprobendesign und Stichproben . . . . . . . . . 83
    5.2.2 Inklusions- und Ziehungswahrscheinlichkeiten . . . . 84
    5.2.3 Einfache Zufallsstichproben . . . . . . . . . . . . . 85
5.3 Schätzfunktionen . . . . . . . . . . . . . . . . . . . . . 86
    5.3.1 Der theoretische Ansatz . . . . . . . . . . . . . . . 86
    5.3.2 Schätzfunktionen für Mittelwerte . . . . . . . . . . 87
    5.3.3 Schätzfunktionen für Anteilswerte . . . . . . . . . . 88
    5.3.4 Schätzfunktionen für Varianzen . . . . . . . . . . . 89
    5.3.5 Konfidenzintervalle . . . . . . . . . . . . . . . . . 90
5.4 Eine Computersimulation . . . . . . . . . . . . . . . . . 91
5.5 Aufgaben . . . . . . . . . . . . . . . . . . . . . . . . . 92
5.6 R-Code . . . . . . . . . . . . . . . . . . . . . . . . . . 93

## 5.1 Einleitung

Bevor wir uns weiter mit unterschiedlichen Varianten statistischer Modelle beschäftigen, besprechen wir in diesem und im nächsten Kapitel Stichproben aus realen Gesamtheiten. Damit gemeint sind räumlich und zeitlich abgegrenzte Mengen von Personen oder Dingen, für deren Merkmale man sich interessiert. Beispielsweise kann man an eine Gesamtheit von Personen denken, die in einem Bundesland an einem Stichtag arbeitslos gemeldet sind; oder an Produkte einer bestimmten Art, die von einem Unternehmen während eines bestimmten Zeitraums produziert werden.

Zur Bezeichnung der jeweils interessierenden Gesamtheit (auch Grundgesamtheit genannt) verwenden wir das Symbol $\mathcal{U}$, die Anzahl der Elemente wird durch $N$ bezeichnet. Zur Repräsentation der jeweils interessierenden Merkmale der Elemente von $\mathcal{U}$ verwenden wir eine Variable $X$ mit dem Wertebereich $\mathcal{X}$. Für jedes Element von $\mathcal{U}$ gibt es einen bestimmten Wert in diesem Wertebereich. $X$ ist in diesem Zusammenhang also keine Zufallsvariable, sondern eine deskriptive Variable, durch die in der Grundgesamtheit gegebene Sachverhalte repräsentiert werden.

Stichproben sind Teilmengen von $\mathcal{U}$. Die Anzahl der Elemente einer Stichprobe bezeichnen wir durch $n$. Meistens ist $n$ sehr viel kleiner als $N$. Wir nehmen an, dass Werte von $X$ für die Elemente der Stichprobe ermittelt werden können.

Die anhand einer Stichprobe gewonnenen Daten können unterschiedlichen Zwecken dienen. In diesem und im nächsten Kapitel nehmen wir an, dass das Ziel darin besteht, zu deskriptiven Aussagen über die Grundgesamtheit zu gelangen. Erst in späteren Kapiteln beschäftigen wir uns mit der Verwendung von Stichprobendaten zur Schätzung probabilistischer Regeln und Modelle.

Im Rahmen eines deskriptiven Interesses an der jeweiligen Grundgesamtheit geht es für die induktive Statistik um die Frage, wie man von der in einer Stichprobe beobachteten Häufigkeitsverteilung von $X$ zu Aussagen über die Häufigkeitsverteilung von $X$ in der Grundgesamtheit gelangen kann. Ein oft verfolgter Ansatz besteht darin, Zufallsstichproben zu verwenden, durch die Schätzfunktionen definiert werden können. Zufallsstichproben sind Stichproben, deren Elemente durch ein zufälliges Auswahlverfahren aus der Grundgesamtheit ausgewählt werden. Als Hilfsmittel dienen reale oder simulierte Zufallsgeneratoren, deren Wahrscheinlichkeitsverteilung man kennt. Anders als in Kapitel 2 geht es jetzt also nicht darum, wie man anhand von Realisationen einer Zufallsvariablen zu Aussagen über ihre Wahrscheinlichkeitsverteilung gelangen kann. Das Interesse richtet sich vielmehr auf die Häufigkeitsverteilung einer für eine Grundgesamtheit definierten deskriptiven Variablen; Zufallsvariablen spielen nur bei der Bildung von Stichproben eine Rolle.

Ein weiterer wichtiger Unterschied betrifft den Zusammenhang zwischen Stichprobenziehung und Datengewinnung. Bei der Beschäftigung mit artifiziellen Zufallsgeneratoren konnten wir annehmen, dass durch ihre Realisationen zugleich Daten – Informationen über das jeweils entstandene Ereignis – verfügbar sind. Jetzt ist eine Unterscheidung erforderlich. Eine Stichprobe liefert zunächst nur eine Liste der für die Stichprobe ausgewählten Elemente. Erst im Anschluss beginnt die Datengewinnung im engeren Sinn, d.h. der Versuch, die interessierenden Merkmale für die ausgewählten Elemente zu ermitteln.

Oft gelingt diese Datengewinnung nur unvollständig, woraus für den theoretischen Ansatz gravierende Probleme resultieren. Wir gehen deshalb folgendermaßen vor. In diesem Kapitel besprechen wir zunächst einfache Zufallsstichproben; dann beschäftigen wir uns mit Schätzfunktionen unter der Annahme, dass mit der Auswahl einer Stichprobe zugleich vollständige Informationen für alle Elemente der Stichprobe gegeben sind. Erst im nächsten Kapitel besprechen wir komplexere Stichprobendesigns und behandeln Probleme, die aus unvollständigen Daten resultieren.[1]

Am Ende dieses Kapitels illustrieren wir die Berechnung von Schätzwerten und Konfidenzintervallen mit einer kleinen Computersimulation.

## 5.2 Zufallsstichproben

### 5.2.1 Stichprobendesign und Stichproben

Als Ausgangspunkt zur Definition von Zufallsstichproben dient ein Stichprobendesign. Darunter verstehen wir ein Verfahren zur

---

[1] Bei der Darstellung orientieren wir uns an Rohwer und Pötter (2001) und an Behr (2015). Eine sehr umfassende Darstellung findet man bei Särndal, Swensson und Wretman (1992).

Erzeugung von Stichproben. Die konkrete Ausgestaltung hängt davon ab, in welcher Form eine Repräsentation der Grundgesamtheit verfügbar ist. Hier nehmen wir zunächst an, dass es eine Liste mit Indizes (Namen) aller Elemente der Grundgesamtheit

$$\mathcal{U} = \{1, \ldots, N\} \quad (5.1)$$

gibt. Dann kann man sich ein Stichprobendesign als ein Verfahren vorstellen, mit dem Teilmengen aus der Gesamtheit der in der Liste vorhandenen Indizes ausgewählt werden können. Dies sind die Stichproben, die mit dem Verfahren erzeugt werden können.

Wir nehmen an, dass das Verfahren Stichproben eines bestimmten Umfangs $n$ erzeugen soll. Die Gesamtheit der Stichproben dieses Umfangs, die mit einem Stichprobendesign erzeugt werden können, bezeichnen wir durch $\mathcal{S}_n$. Das Stichprobendesign legt also auch fest, welche Elemente der Grundgesamtheit in mindestens einer Stichprobe vorkommen können. Wir nehmen im Weiteren an, dass dies für alle Elemente von $\mathcal{U}$ gilt; andernfalls muss die Definition der Grundgesamtheit eingeschränkt werden.

### 5.2.2 Inklusions- und Ziehungswahrscheinlichkeiten

Von Zufallsstichproben spricht man, wenn die Auswahl mit Hilfe eines Zufallsgenerators vorgenommen wird. Man kann sich dann gedanklich auf eine Zufallsvariable $S$ beziehen, deren Wertebereich die Menge der möglichen Stichproben $\mathcal{S}_n$ ist; und man kann annehmen, dass für jede Stichprobe $s \in \mathcal{S}_n$ eine Wahrscheinlichkeit $\Pr(S = s)$ bekannt ist.

Hiervon ausgehend kann für jedes Element $i \in \mathcal{U}$ eine Inklusionswahrscheinlichkeit

$$\pi_i = \sum_{s \ni i} \Pr(S = s) \quad (5.2)$$

definiert werden.[2] Da jede Stichrprobe $n$ Elemente hat, gilt

$$\sum_{i=1}^{N} \pi_i = \sum_{i=1}^{N} \sum_{s \ni i} \Pr(S = s) = n, \quad (5.3)$$

---
[2] Die Schreibweise ist so zu verstehen, dass über alle Stichproben, in denen $i$ vorkommt, summiert wird.

denn in der doppelten Summe kommt jede Stichprobe aus $\mathcal{S}_n$ genau $n$ Mal vor. Also kann man $\pi_i/n$ als Ziehungswahrscheinlichkeit interpretieren, d.h. als Wahrscheinlichkeit, mit der das Element $i$ in einer Stichprobe vorkommen kann.

Als numerische Illustration betrachten wir $\mathcal{U} = \{1, 2, 3, 4\}$ und drei Stichproben des Umfangs $n = 2$: $s_1 = \{1, 2\}$, $s_2 = \{1, 3\}$, $s_3 = \{2, 4\}$. Die Wahrscheinlichkeiten für die Stichproben sind

$$\Pr(S = s_1) = \Pr(S = s_2) = \Pr(S = s_3) = 1/3. \quad (5.4)$$

Man findet: $\pi_1 = 2/3$, $\pi_2 = 2/3$, $\pi_3 = 1/3$, $\pi_4 = 1/3$; die Summe ist 2. (Für die Ziehungswahrscheinlichkeiten s. Aufgabe 1.)

### 5.2.3 Einfache Zufallsstichproben

Bei einem einfachen Auswahlverfahren umfasst $\mathcal{S}_n$ alle möglichen Stichproben des Umfangs $n$ und die Wahrscheinlichkeit $\Pr(S = s)$ ist für alle Stichproben $s \in \mathcal{S}_n$ gleich. Da alle möglichen Stichproben des Umfangs $n$ vorkommen können, spricht man auch von einer uneingeschränkten Zufallsauswahl. Bei dem am Ende des vorangegangenen Abschnitts angeführten Beispiel handelt es sich also nicht um eine einfache Zufallsauswahl, obwohl $\Pr(S = s)$ für alle Stichproben gleich ist.

Wenn $N$ die Anzahl der Elemente in der Grundgesamtheit ist, liefert der Binomialkoeffizient

$$\binom{N}{n} = \frac{N!}{n!\,(N-n)!} \quad (5.5)$$

die Anzahl der Stichproben des Umfangs $n$, die aus den Elementen der Grundgesamtheit gebildet werden können (Aufgabe 2). Die Wahrscheinlichkeit für das Ziehen einer einfachen Zufallsstichprobe wird also durch

$$\Pr(S = s) = 1 \Big/ \binom{N}{n} \quad (5.6)$$

gegeben. Man kann auch leicht Inklusionswahrscheinlichkeiten bestimmen. Sei nämlich $i$ ein Element der Grundgesamtheit. In einer Stichprobe des Umfangs $n$ kann $i$ gemeinsam mit $n-1$ anderen Elementen der Grundgesamtheit auftreten. Die Anzahl der

Stichproben, in denen $i$ auftreten kann, ist also

$$\binom{N-1}{n-1}. \tag{5.7}$$

Da die Wahrscheinlichkeit für jede dieser Stichproben gleich $1/\binom{N}{n}$ ist, findet man

$$\pi_i = \frac{\binom{N-1}{n-1}}{\binom{N}{n}} = \frac{n}{N} \tag{5.8}$$

für alle $i \in \mathcal{U}$.

## 5.3 Schätzfunktionen

### 5.3.1 Der theoretische Ansatz

Wie in der Einleitung zu diesem Kapitel ausgeführt wurde, beziehen wir uns auf eine für die Grundgesamtheit $\mathcal{U}$ definierte Variable $X$ mit dem Wertebereich $\mathcal{X}$. Die Idee der Schätzfunktionen beruht nun auf einer entscheidenden Voraussetzung: Mit jeder Stichprobe $s \in \mathcal{S}_n$ sind auch Werte von $X$ für die Elemente der Stichprobe verfügbar. Diese Annahme erlaubt es, Schätzfunktionen als Zufallsvariablen aufzufassen.

Allgemein gesagt soll eine Schätzfunktion einen Schätzwert für einen Parameter der Verteilung von $X$ in der Grundgesamtheit liefern. Als Beispiel beziehen wir uns auf den Mittelwert von $X$, der für die Grundgesamtheit durch

$$\mathrm{M}(X) = \frac{1}{N} \sum_{i=1}^{N} x_i \tag{5.9}$$

definiert ist. Wenn eine Stichprobe $s$ gegeben ist, kann man den Mittelwert von $X$ in dieser Stichprobe, den wir durch $\mathrm{M}(X;s)$ bezeichnen, berechnen. Eine Schätzfunktion wird dann durch $\mathrm{M}(X;S)$ definiert. Als Funktion der Zufallsvariablen $S$ ist auch diese Schätzfunktion eine Zufallsvariable.

Zur Darstellung von Schätzfunktionen eignen sich Inklusionsvariablen $I_i(S)$, wobei $i$ ein Element der Grundgesamtheit ist. Wenn $s$ eine Stichprobe (also ein Wert von $S$) ist, lautet die Definition

$$I_i(s) = \begin{cases} 1 & \text{wenn } i \in s \text{ ist,} \\ 0 & \text{andernfalls.} \end{cases} \quad (5.10)$$

Als Funktionen von $S$ sind auch Inklusionsvariablen Zufallsvariablen, und man kennt ihre Verteilung

$$\Pr(I_i(S) = 1) = \sum_{s \in \mathcal{S}_n} I_i(s) \Pr(S = s) = \pi_i. \quad (5.11)$$

Die Schätzfunktion für den Mittelwert von $X$ kann als

$$\mathrm{M}(X; S) = \frac{1}{n} \sum_{i=1}^{N} x_i \, I_i(S) \quad (5.12)$$

geschrieben werden. Für jede Stichprobe $s \in \mathcal{S}_n$ folgt daraus

$$\mathrm{M}(X; s) = \frac{1}{n} \sum_{i=1}^{N} x_i \, I_i(s) = \frac{1}{n} \sum_{i \in s} x_i. \quad (5.13)$$

Allerdings weiß man nicht, ob die bestimmte Stichprobe $s$, die man gerade gezogen hat, einen brauchbaren Schätzwert $\mathrm{M}(X;s)$ liefert. Durch eine Betrachtung von Schätzfunktionen kann jedoch (ähnlich wie bereits in Kapitel 3) eine Veränderung der Fragestellung vorgenommen werden: Statt zu fragen, wie gut ein bestimmter Schätzwert $\mathrm{M}(X;s)$ ist, kann man sich mit Eigenschaften des durch $\mathrm{M}(X;S)$ definierten Schätzverfahrens beschäftigen.

### 5.3.2 Schätzfunktionen für Mittelwerte

Wir beginnen mit der in (5.12) definierten Schätzfunktion für Mittelwerte. Diese Schätzfunktion ist erwartungstreu, wenn ihr Erwartungswert gleich dem Mittelwert von $X$ in der Grundgesamtheit ist. Um herauszufinden, ob das der Fall ist, kann man folgendermaßen vorgehen

$$\begin{aligned} \mathrm{E}(\mathrm{M}(X;S)) &= \sum_{s \in \mathcal{S}_n} \mathrm{M}(X;s) \Pr(S=s) \\ &= \sum_{s \in \mathcal{S}_n} \frac{1}{n} \sum_{i=1}^{N} x_i \, I_i(s) \Pr(S=s) = \frac{1}{n} \sum_{i=1}^{N} x_i \, \pi_i, \end{aligned} \quad (5.14)$$

wobei das letzte Gleichheitszeichen aus der Gleichung (5.11) folgt. Ob die Schätzfunktion erwartungstreu ist, hängt also auch vom Stichprobendesign ab. Dies ist z.B. bei einem einfachen Auswahlverfahren der Fall, denn dann ist $\pi_i = n/N$ und es resultiert $\mathrm{E}(\mathrm{M}(X;S)) = \frac{1}{N}\sum_{i=1}^{N} x_i$.

Zur Beurteilung von Schätzfunktionen ist auch ihre Varianz – oder deren Quadratwurzel, die als ihr Standardfehler bezeichnet wird – von Interesse. Die Definition ist

$$\mathrm{Var}(\mathrm{M}(X;S)) = \sum_{s \in \mathcal{S}_n} [\mathrm{M}(X;s) - \mathrm{E}(\mathrm{M}(X;S))]^2 \Pr(S=s). \quad (5.15)$$

Diese Größe ist von Interesse, denn je kleiner die Varianz einer Schätzfunktion ist, desto größer ist die Wahrscheinlichkeit, dass sie einen Schätzwert in der Nähe der zu schätzenden Größe liefert. Bei einem einfachen Auswahlverfahren gilt für diese Varianz[3]

$$\mathrm{Var}(\mathrm{M}(X;S)) = \frac{N-n}{N-1} \frac{\mathrm{Var}(X)}{n}. \quad (5.16)$$

Also kann man sagen: Je größer der Stichprobenumfang $n$ ist, desto kleiner ist die Varianz der Schätzfunktion. Allerdings hängt sie auch von der Varianz der Variablen $X$ in der Grundgesamtheit ab, die durch

$$\mathrm{Var}(X) = \frac{1}{N} \sum_{i=1}^{N} [x_i - \mathrm{M}(X)]^2 \quad (5.17)$$

definiert ist. Da diese Varianz nicht bekannt ist, muss auch sie geschätzt werden. Das wird in Abschnitt 5.3.4 besprochen.

### 5.3.3 Schätzfunktionen für Anteilswerte

Oft möchte man Anteilswerte schätzen, beispielsweise die Häufigkeit $\mathrm{P}(X=x)$ mit der $X$ einen Wert $x$ annimmt, oder die Häufigkeit $\mathrm{P}(X \in A)$, mit der $X$ einen Wert in der Menge $A$ annimmt. Dann kann man Indikatorvariablen $I[X=x]$ bzw. $I[X \in A]$ verwenden. Zum Beispiel ist

$$I[X=x] = \begin{cases} 1 & \text{wenn } X=x \text{ ist,} \\ 0 & \text{andernfalls.} \end{cases} \quad (5.18)$$

---
[3] Einen Beweis findet man bspw. bei Rohwer und Pötter (2001: 290f).

Also ist P($X = x$) gleich dem Mittelwert von $I[X = x]$ (Aufgabe 5), und man kann analog zu (5.12) eine Schätzfunktion

$$M(I; S) = \frac{1}{n} \sum_{i=1}^{N} I[x_i = x] \, I_i(S) \qquad (5.19)$$

verwenden. Alle bisherigen Überlegungen gelten dann sinngemäß für diese Schätzfunktion.

### 5.3.4 Schätzfunktionen für Varianzen

Wir betrachten die Schätzfunktion

$$V(X; S) = \frac{1}{n-1} \sum_{i=1}^{N} [x_i - M(X; S)]^2 \, I_i(S) \qquad (5.20)$$

für die Varianz von $X$. Als Schätzfunktion handelt es sich um eine Zufallsvariable. Wenn eine bestimmte Stichprobe $s$ gegeben ist, nimmt sie den Wert

$$V(X; s) = \frac{1}{n-1} \sum_{i \in s} [x_i - M(X; s)]^2 \qquad (5.21)$$

an. Bei einem einfachen Auswahlverfahren ist $V(X; S)$ eine erwartungstreue Schätzfunktion für

$$\frac{N}{N-1} \, \text{Var}(X),$$

wobei Var($X$) durch (5.17) definiert ist.[4] Formel (5.16) liefert dann die Schätzfunktion

$$\text{Var}(M(X; S)) = \frac{N-n}{N} \, \frac{V(X; S)}{n} \qquad (5.22)$$

für die Varianz der Schätzfunktion M($X; S$).

---
[4] Das wird bspw. bei Rohwer und Pötter (2001: 292f) gezeigt.

## 5.3.5 Konfidenzintervalle

Ausgehend von Schätzfunktionen können wiederum (ähnlich wie in Abschnitt 3.5) Konfidenzintervalle konstruiert werden. Zur Erläuterung beziehen wir uns auf die Schätzfunktion $M(X;S)$ für einen Mittelwert $M(X)$. Für die Konstruktion benötigt man zwei weitere Zufallsvariablen, $L(S)$ und $R(S)$, so dass

$$\Pr(L(S) \leq M(X) \leq R(S)) \geq 1 - \alpha \qquad (5.23)$$

gilt, wobei $1 - \alpha$ ein vorausgesetztes Konfidenzniveau ist (z.B. $1 - \alpha = 0.95$). Ist dann eine bestimmte Stichprobe $s$ gegeben, erhält man ein Konfidenzintervall

$$[\,L(s), R(s)\,]. \qquad (5.24)$$

Diese Konfidenzintervalle hängen von der jeweils gezogenen Stichprobe ab, so dass man nicht sagen kann, dass irgendein bestimmtes Konfidenzintervall die zu schätzende Größe mit einer bestimmten Wahrscheinlichkeit enthält. Man kann nur sagen, dass man mit einer Wahrscheinlichkeit, die nicht kleiner als $1 - \alpha$ ist, ein Intervall erhält, das die zu schätzende Größe enthält.

Um die Zufallsvariablen $L(S)$ und $R(S)$ zu bestimmen, benötigt man die Stichprobenverteilung der Schätzfunktion, die vom jeweiligen Stichprobendesign abhängt. Ihre Ermittlung erfordert oft recht komplizierte Überlegungen. Bei einfachen Auswahlverfahren, die wir in diesem Kapitel voraussetzen, kann man jedoch bei einem hinreichend großen Stichprobenumfang annehmen, dass

$$\frac{M(X;S) - M(X)}{\sqrt{\operatorname{Var}(M(X;S))}} \qquad (5.25)$$

näherungsweise einer Standardnormalverteilung folgt.[5] Für ein Konfidenzniveau $1 - \alpha = 0.95$ kann man dann Intervallgrenzen durch

$$M(X;S) \pm 1.96\,\sqrt{\operatorname{Var}(M(X;S))} \qquad (5.26)$$

berechnen.

---
[5] Wie in Kapitel 3 besprochen wurde, wäre es bei kleineren Stichprobenumfängen besser, eine $t$-Verteilung zu verwenden.

## 5.4 Eine Computersimulation

Zur Illustration der im vorangegangenen Abschnitt besprochenen Formeln verwenden wir eine kleine Computersimulation. Zunächst erzeugen wir eine Grundgesamtheit vom Umfang $N = 1000$ einer binären Variablen $X$ mit dem Anteil $P(X = 1) = 0.6$. Damit gilt für die Grundgesamtheit

$$M(X) = 0.6 \quad \text{und} \quad \text{Var}(X) = 0.24.$$

Jetzt ziehen wir aus dieser Grundgesamtheit eine einfache Zufallsstichprobe des Umfangs $n = 50$, die wir $s$ nennen. Aus dieser Stichprobe finden wir die Schätzwerte

$$M(X; s) = 0.580 \quad \text{und} \quad V(X; s) = 0.2436.$$

Mit der Formel (5.22) berechnet man als Schätzwert für die Varianz der Schätzfunktion den Wert

$$\text{Var}(M(X; s)) = \frac{1000 - 50}{1000} \frac{0.2436}{50} = 0.0046.$$

Schließlich berechnet man mit der Formel (5.26) die Intervallgrenzen $0.580 \pm 1.96\sqrt{0.0046}$ und findet das Konfidenzintervall $[0.447, 0.713]$. Bei einem größeren Stichprobenumfang würde das Konfidenzintervall enger werden (Aufgabe 6).

## 5.5 Aufgaben

1. Beziehen Sie sich auf das Zahlenbeispiel am Ende von Abschnitt 5.2.2 und berechnen und interpretieren Sie Ziehungswahrscheinlichkeiten.

2. Zeigen Sie durch Auflisten, dass $\binom{5}{3}$ die Anzahl der Teilmengen des Umfangs 3 ist, die aus einer Gesamtheit mit 5 Elementen gebildet werden können.

3. Wie groß ist die Wahrscheinlichkeit für die Ziehung einer einfachen Zufallsstichprobe des Umfangs $n = 5$ aus einer Gesamtheit mit $N = 20$ Elementen?

4. Betrachten Sie das Verfahren der systematischen Zufallsauswahl, bei dem davon ausgegangen wird, dass $N = kn$ ist. Stichproben werden folgendermaßen gebildet: Zunächst wird aus $\{1, \ldots, k\}$ mit der Wahrscheinlichkeit $1/k$ eine Zahl $i_0$ gezogen; dann wird die Stichprobe
$$s = \{i_0, i_0 + k, i_0 + 2k, \ldots, i_0 + (n-1)k\}$$
gebildet.

   a) Wieviele unterschiedliche Stichproben gibt es?

   b) Handelt es sich um eine einfache Zufallsauswahl?

   c) Berechnen Sie Inklusionswahrscheinlichkeiten.

   d) Berechnen Sie Ziehungswahrscheinlichkeiten.

   e) Ist bei diesem Auswahlverfahren die Schätzfunktion (5.12) für den Mittelwert erwartungstreu?

5. Zeigen Sie, dass $P(X = x)$ gleich dem Mittelwert von $I[X = x]$ ist.

6. Eine weitere Stichprobe vom Umfang $n = 100$ (vgl. Abschnitt 5.4) hat einen Mittelwert $M(X, S) = 0.69$ und eine Varianz $V(X, S) = 0.2161$ ergeben. Ermitteln Sie ein Konfidenzintervall für eine vorgegebene Irrtumswahrscheinlichkeit $\alpha = 0.01$.

## 5.6 R-Code

Eine Computersimulation (siehe Abschnitt 5.4):

```
## Daten generieren
# Daten werden zufällig gezogen, mittels set.seed() wird das Ergebnis
# reproduzierbar
set.seed(5)

# Grundgesamtheit mit N = 1000 einer binären Variablen X mit dem
# Anteil P(X = 1) ) 0.6
X <- rbinom(n = 1000, size = 1, prob = 0.6)

# Mittelwert und Varianz der GG:
m.X <- mean(X); m.X
v.X <- mean((X - mean(X))^2); v.X

# Ziehen einer Stichprobe vom Umfang n = 50
x <- sample(x = X, size = 50, replace = FALSE)

# Schätzwerte für Mittelwert und Varianz aus der SP:
m.x <- mean(x); m.x
v.x <- var(x); v.x

# Schätzwert für die Varianz der Schätzfunktion
v.mx <- (1000-50) / 1000 * v.x/50; v.mx
# Intervallgrenzen (Konfidenzniveau von 0.95)
links <- m.x - 1.96*sqrt(v.mx); links
rechts <- m.x + 1.96*sqrt(v.mx); rechts
```

# 6
## Ergänzungen und Probleme

*In der Praxis sind einfache Zufallsstichproben selten. In diesem Kapitel betrachten wir zunächst einige häufig verwendete Stichprobendesigns. Dann besprechen wir Probleme, die daraus resultieren, dass man bei Befragungen meistens nur für einen Teil der zufällig ausgewählten Einheiten auch tatsächlich Daten erhält.*

| | | |
|---|---|---|
| 6.1 | Einleitung | 96 |
| 6.2 | Unterschiedliche Stichprobendesigns | 96 |
| | 6.2.1 Partitionen der Grundgesamtheit | 96 |
| | 6.2.2 Geschichtete Auswahlverfahren | 97 |
| | 6.2.3 Mehrstufige Auswahlverfahren | 98 |
| 6.3 | Stichprobenausfälle | 99 |
| | 6.3.1 Illustration der Problematik | 99 |
| | 6.3.2 Konditionierende Variablen | 101 |
| 6.4 | Designgewichte | 103 |
| 6.5 | Aufgaben | 105 |
| 6.6 | R-Code | 106 |

## 6.1 Einleitung

Im vorangegangenen Kapitel haben wir uns mit einfachen Zufallsstichproben und durch sie definierten Schätzfunktionen beschäftigt. In diesem Kapitel besprechen wir weiterführende Aspekte. Im nächsten Abschnitt behandeln wir geschichtete und mehrstufige Auswahlverfahren, die oft für Stichprobendesigns verwendet werden. Anschließend weisen wir auf Probleme hin, die durch Stichprobenausfälle entstehen.

## 6.2 Unterschiedliche Stichprobendesigns

Je nach dem Vorwissen über eine Grundgesamtheit und den Zugangsmöglichkeiten zu ihren Elementen wird eine Vielzahl unterschiedlicher Stichprobendesigns verwendet. Hier setzen wir wie im vorangegangenen Kapitel voraus, dass eine Liste verfügbar ist, die die Elemente der Grundgesamtheit repräsentiert;[1] und wir beschränken uns darauf, einige Grundgedanken geschichteter und mehrstufiger Auswahlverfahren zu besprechen.

### 6.2.1 Partitionen der Grundgesamtheit

Wir beziehen uns auf eine Grundgesamtheit $\mathcal{U} = \{1, \ldots, N\}$. Geschichtete und mehrstufige Auswahlverfahren setzen voraus, dass man die Grundgesamtheit in Teilgesamtheiten einteilen kann. Wir verwenden dafür eine Variable $Z$ mit dem Wertebereich $\mathcal{Z} = \{1, \ldots, m_Z\}$. Mit den Werten dieser Variablen, die auch aus mehreren Komponenten bestehen kann, kann man die Gesamtheit $\mathcal{U}$ in Teilgesamtheiten $\mathcal{U}_j$ zerlegen, die jeweils alle Elemente mit dem Merkmalswert $Z = j$ umfassen. Die Anzahl der Elemente von $\mathcal{U}_j$ bezeichnen wir durch $N_j$.

Ausgehend von einer solchen Partition der Grundgesamtheit in Teilgesamtheiten kann man unterschiedliche Auswahlverfahren konzipieren:

a) Man wählt zufällig eine Teilgesamtheit $\mathcal{U}_j$, die dann als Stichprobe verwendet wird.

---
[1] Bei Bevölkerungsumfragen ist das oft nicht der Fall, so dass spezielle Stichprobendesigns erforderlich sind. Einen Überblick über Stichprobendesigns für Umfragen findet man bei ADM (1999), eine kurze allgemeine Einführung geben Rohwer und Pötter (2001: 321ff).

b) Man wählt aus jeder Teilgesamtheit eine Stichprobe aus. Dies ist die Standardform eines geschichteten Auswahlverfahrens.

c) Man wählt zufällig mehrere Teilgesamtheiten aus und bildet dann aus jeder Teilgesamtheit erneut eine Stichprobe. Diese Methode ist eine Variante mehrstufiger Auswahlverfahren.

d) Man wählt zufällig mehrere Teilgesamtheiten aus und bildet die Stichprobe aus der Gesamtheit ihrer Elemente. Diese Methode führt zu sog. Clusterstichproben.

### 6.2.2 Geschichtete Auswahlverfahren

Wir beginnen mit einem geschichteten Auswahlverfahren, bei dem aus jeder Teilgesamtheit eine einfache Zufallsstichprobe gezogen wird. Dann kann analog zu den Überlegungen in Abschnitt 5.2.3 vorgegangen werden.

Es sei $n_j$ der Stichprobenumfang für $\mathcal{U}_j$. Die Gesamtheit der Teilstichproben aus $\mathcal{U}_j$ wird durch $\mathcal{S}_j$ bezeichnet. Wird $S_j$ als Zufallsvariable für das Ziehen einer Teilstichprobe verwendet, gilt

$$\Pr(S_j = s_j) = 1 \bigg/ \binom{N_j}{n_j} \quad \text{(für alle } s_j \in \mathcal{S}_j\text{).} \tag{6.1}$$

Die Inklusionswahrscheinlichkeiten sind in jeder Teilgesamtheit

$$\pi_i = \frac{n_j}{N_j} \quad \text{(für alle } i \in \mathcal{U}_j\text{).} \tag{6.2}$$

Bei einem proportional geschichteten Auswahlverfahren sind die Auswahlsätze $n_j/N_j$ in allen Teilgesamtheiten gleich. Dann haben alle Elemente der Grundgesamtheit die gleiche Inklusionswahrscheinlichkeit. Oft werden jedoch geschichtete Auswahlverfahren verwendet, bei denen sich die Auswahlsätze unterscheiden. Dann unterscheiden sich auch die Inklusionswahrscheinlichkeiten zwischen den Teilgesamtheiten und infolgedessen zwischen den Teilstichproben, aus denen eine Gesamtstichprobe

$$s = s_1 \cup \cdots \cup s_{m_Z} = \bigcup_{j=1}^{m_Z} s_j \tag{6.3}$$

besteht. Wie das bei der Berechnung von Schätzwerten berücksichtigt werden kann, wird in Abschnitt 6.4 besprochen.

## 6.2.3 Mehrstufige Auswahlverfahren

Als Beispiel beziehen wir uns auf ein Auswahlverfahren für Schüler. Die Idee ist: In einer ersten Stufe werden zufällig Schulen ausgewählt, in einer zweiten Stufe werden bei den ausgewählten Schulen Schüler für die zu bildende Stichprobe ausgewählt. Als Ergebnis entsteht ein zweistufiges Auswahlverfahren. Analog kann man sich Verfahren mit mehr als zwei Stufen vorstellen.

Für die erste Stufe wird eine Liste der primären Einheiten (Schulen) vorausgesetzt. Wir verwenden wieder die Notation $\mathcal{Z} = \{1, \ldots, m_Z\}$. Aus dieser Liste werden zufällig $m$ Einheiten ausgewählt, so dass Stichproben der ersten Stufe die Form

$$s^{(1)} = \{j_1, \ldots, j_m\} \qquad (j_1, \ldots, j_m \in \mathcal{Z}) \tag{6.4}$$

haben. Das Auswahlverfahren legt die Menge der möglichen Stichproben fest, die wir durch $\mathcal{S}_m^{(1)}$ bezeichnen, und auch die Verteilung einer Zufallsvariablen $S^{(1)}$, mit der sich Wahrscheinlichkeiten $\Pr(S^{(1)} = s^{(1)})$ angeben lassen.

Auf der zweiten Stufe wird aus jeder primären Einheit $j \in s^{(1)}$ eine Stichprobe $s_j^{(2)}$ gebildet. Die primären Einheiten werden also als Teilmengen der Grundgesamtheit betrachtet, so dass man sagen kann: Aus der $j$-ten primären Einheit, die aus $N_j$ Elementen (Schülern) besteht, soll eine Stichprobe des Umfangs $n_j$ gezogen werden. Die Gesamtstichprobe besteht aus der Vereinigung dieser Teilstichproben:

$$s = \bigcup_{j \in s^{(1)}} s_j^{(2)}. \tag{6.5}$$

Inklusionswahrscheinlichkeiten hängen davon ab, wie die Auswahlverfahren auf den beiden Stufen festgelegt werden. Wir geben zwei Beispiele an.

**Einfache Auswahlverfahren.** Wenn auf beiden Stufen ein einfaches Auswahlverfahren verwendet wird, gibt es auf der ersten Stufe die Inklusionswahrscheinlichkeiten

$$\pi_j^{(1)} = \frac{m}{m_Z} \qquad \text{(für alle } j \in \mathcal{Z}) \tag{6.6}$$

und auf der zweiten Stufe die Inklusionswahrscheinlichkeiten

$$\pi_i^{(2)} = \frac{n_j}{N_j} \qquad \text{(für alle } i \text{ der primären Einheit } j). \tag{6.7}$$

Fasst man zusammen, erhält man die Inklusionswahrscheinlichkeiten

$$\pi_i = \pi_j^{(1)} \pi_i^{(2)} = \frac{m}{m_Z} \frac{n_j}{N_j} \qquad (6.8)$$

(für alle $i$ der primären Einheit $j$).

**PPS-Design.** Bei diesem Design ('probability proportional to size') soll erreicht werden, dass alle Teilstichproben den gleichen Umfang $q$ haben und dass alle Elemente der Grundgesamtheit die gleiche Inklusionswahrscheinlichkeit haben. Um das zu erreichen, werden auf der ersten Stufe zunächst Ziehungswahrscheinlichkeiten $N_j/N$ verwendet, d.h. die Wahrscheinlichkeit für das Ziehen der primären Einheiten entspricht ihrer Größe. Daraus ergeben sich die Inklusionswahrscheinlichkeiten

$$\pi_j^{(1)} = \frac{m N_j}{N}. \qquad (6.9)$$

Auf der zweiten Stufe gibt es bei einem festen Stichprobenumfang, der in allen Schichten den Wert $q = n/m$ hat, die Inklusionswahrscheinlichkeiten

$$\pi_i^{(2)} = \frac{q}{N_j}. \qquad (6.10)$$

Fasst man zusammen, erhält man

$$\pi_i = \pi_j^{(1)} \pi_i^{(2)} = \frac{n}{N}. \qquad (6.11)$$

## 6.3 Stichprobenausfälle

### 6.3.1 Illustration der Problematik

Die Bildung einer Stichprobe liefert nicht unmittelbar Daten, sondern zunächst nur eine Liste (oder allgemeiner: einen Plan zur Auswahl) der Elemente einer Grundgesamtheit, über die man Daten gewinnen möchte. Als Stichprobenausfälle werden diejenigen Elemente einer Stichprobe bezeichnet, über die man keine Daten gewinnen kann (weil man sie in der Realität nicht finden kann oder weil sie – wenn es sich um Personen handelt – eine Auskunft verweigern). Insbesondere bei Umfragen gibt es oft Stichprobenausfälle in einem sehr großen Umfang.

Da die Theorie der Schätzfunktionen, die wir in Abschnitt 5.3 besprochen haben, vollständige Informationen über alle Elemente der Stichprobe voraussetzt, stellen Stichprobenausfälle ein zentrales Problem dar. Man muss dann zwischen einer geplanten und einer realisierten Stichprobe unterscheiden. Die geplante Stichprobe besteht aus allen Elementen, die man durch das Auswahlverfahren ausgewählt hat; die realisierte Stichprobe besteht aus allen Elementen der geplanten Stichprobe, über die man Daten gewonnen hat. Genauer gesagt: sie besteht aus allen Elementen, über die man zumindest einen Teil der intendierten Daten gewonnen hat, denn oft gelingt es nicht, vollständige Informationen über alle Merkmale, die man erfassen möchte, zu gewinnen. Man spricht dann von fehlenden Werten im Unterschied zu Stichprobenausfällen.

Um zwischen der geplanten und der realisierten Stichprobe zu unterscheiden, ist es hilfreich, eine Indikatorvariable $R_s$ zu verwenden, die für alle Elemente der geplanten Stichprobe $s$ definiert ist und die bei Elementen in der realisierten Stichprobe den Wert 1 und andernfalls den Wert 0 annimmt. Denken wir an eine Variable $X$, deren Verteilung man ermitteln möchte. Ihre Häufigkeitsverteilung in der geplanten Stichprobe ist $P(X = x)$ (für alle $x$ im Wertebereich $\mathcal{X}$). Tatsächlich kann jedoch nur eine bedingte Verteilung

$$P(X = x \mid R_s = 1) \qquad (6.12)$$

für die realisierte Stichprobe berechnet werden. Beide Verteilungen können sich erheblich unterscheiden. Zur Illustration betrachten wir eine geplante Stichprobe des Umfangs $n = 100$ und eine binäre Variable $X$. In der geplanten Stichprobe ist $P(X = 1) = 0.3$. Jetzt nehmen wir an, dass $P(R_s = 1) = 0.8$ ist, so dass es 20 % Stichprobenausfälle gibt, die sich wie folgt verteilen:

| $x$ | $n\,P(X=x)$ | $R_s = 0$ | $R_s = 1$ |
|---|---|---|---|
| 1 | 30 | 10 | 20 |
| 0 | 70 | 10 | 60 |

(6.13)

In der realisierten Stichprobe findet man in diesem Beispiel die Verteilung
$$P(X = 1 \mid R_s = 1) = \frac{20}{80}, \qquad (6.14)$$
die sich von 0.3 unterscheidet.

Das Beispiel zeigt auch, dass das Problem aus einer Korrelation zwischen $R_s$ und $X$ resultiert. Um das genauer zu formulieren, ist es hilfreich, sich anstelle von $R_s$ eine Zufallsvariable $R$ vorzustellen, so dass man von bedingten Wahrscheinlichkeiten

$$\Pr(R = 1 \mid X = x) \qquad (6.15)$$

sprechen kann, die folgende Bedeutung haben: Wenn $X$ bei einem Element der geplanten Stichprobe den Wert $x$ hat, dann gehört dieses Element mit der Wahrscheinlichkeit $\Pr(R = 1 \mid X = x)$ zur realisierten Stichprobe. Man kann dann die Unabhängigkeitsbedingung

$$\Pr(R = 1 \mid X = x) = \Pr(R = 1) \qquad (6.16)$$

formulieren. Wenn diese Bedingung in unserem Beispiel erfüllt wäre, könnte man annehmen, dass

$$\begin{aligned}\Pr(R = 1) &= \Pr(R = 1 \mid X = 1) \\ &= \Pr(R = 1 \mid X = 0) = 0.8\end{aligned} \qquad (6.17)$$

gilt, und daraus ableiten, dass die Verteilung von $X$ in der realisierten Stichprobe näherungsweise mit derjenigen in der geplanten Stichprobe übereinstimmt.

### 6.3.2 Konditionierende Variablen

Leider kann man in der Praxis nicht wissen, ob – und ggf. für welche der interessierenden Variablen $X$ – die Unabhängigkeitsbedingung (6.16) erfüllt ist. Weiterführende Überlegungen gehen davon aus, dass man für alle Elemente der geplanten Stichprobe die Werte einiger Variablen bereits kennt. Wir bezeichnen diese Variablen durch $H$, wobei es sich um einen Vektor handeln kann, der aus mehreren Komponenten besteht; der Wertebereich sei $\mathcal{H}$. Die Verteilung der interessierenden Variablen $X$ lässt sich dann als

$$\mathrm{P}(X = x) = \sum_{h \in \mathcal{H}} \mathrm{P}(X = x \mid H = h)\,\mathrm{P}(H = h) \qquad (6.18)$$

darstellen. Nehmen wir jetzt an, dass die Unabhängigkeitsbedingung (6.16) in den durch $H = h$ definierten Teilstichproben gilt:

$$\Pr(R = 1 \mid X = x, H = h) = \Pr(R = 1 \mid H = h). \qquad (6.19)$$

Dann gilt näherungsweise

$$\mathrm{P}(X = x \mid H = h) \approx \mathrm{P}(X = x \mid H = h, R_s = 1), \qquad (6.20)$$

**Tabelle 6.1:** Fiktives Beispiel, geplante und realisierte Stichprobe

| Schicht | $H1$ | | $H2$ | | $H3$ | |
|---|---|---|---|---|---|---|
| Geschlecht | $X=0$ | $X=1$ | $X=0$ | $X=1$ | $X=0$ | $X=1$ |
| geplante Stichprobe | 640 | 160 | 350 | 350 | 100 | 400 |
| $\Pr(R=1\mid H=h)$ | 0.4 | 0.4 | 0.6 | 0.6 | 0.8 | 0.8 |
| realisierte Stichprobe | 258 | 66 | 212 | 191 | 77 | 307 |

und aus (6.18) folgt dann

$$\mathrm{P}(X=x) \approx \sum_{h\in\mathcal{H}} \mathrm{P}(X=x\mid H=h, R_s=1)\,\mathrm{P}(H=h), \quad (6.21)$$

so dass man mit Hilfe der Daten aus der realisierten Stichprobe und der bekannten Verteilung $\mathrm{P}(H=h)$ die Verteilung von $X$ schätzen kann.

Wir verdeutlichen uns diesen Zusammenhang mit einem kleinen fiktiven Beispiel. Tabelle 6.1 enthält für drei Schichten die Anzahl an Männern (m, $X=0$) und Frauen (w, $X=1$) in der geplanten Stichprobe. Aus den Anteilen der Frauen in den Schichten, gewichtet mit den Anteilen der Schichten an allen Personen, ergibt sich der Anteil der Frauen in der geplanten Stichprobe als

$$\mathrm{P}(X=1) = \sum_{h\in\mathcal{H}} \mathrm{P}(X=1\mid H=h)\,\mathrm{P}(H=h)$$
$$= \frac{160}{800}0.4 + \frac{350}{700}0.35 + \frac{400}{500}0.25 = 0.455.$$

Männer und Frauen haben in den Schichten jeweils gleiche Teilnahmewahrscheinlichkeiten, die sich zwischen den Schichten allerdings unterscheiden. D.h. es gilt

$$\Pr(R=1\mid X=x, H=h) = \Pr(R=1\mid H=h). \quad (6.22)$$

Die Tabelle 6.1 enthält eine realisierte Stichprobe für die dort angeführten Teilnahmewahrscheinlichkeiten. Der Anteil der Frauen in den Schichten weicht in der realisierten Stichprobe $(0.204, 0.474, 0.799)$ nur zufällig von den Anteilen in der geplanten Stichprobe ab $(0.2, 0.5, 0.8)$. Die Schichtenanteile von geplanter $(0.4, 0.35, 0.25)$ und realisierter $(0.292, 0.363, 0.346)$ Stichprobe unterscheiden sich jedoch, d.h. $P(H = h) \neq P(H = h | R_s = 1)$. Hieraus resultiert in diesem Beispiel eine Überschätzung des Anteils der Frauen

$$P(X = 1| R_s = 1)$$
$$= \sum_{h \in \mathcal{H}} P(X = 1 | H = h, R_s = 1) P(H = h | R_s = 1)$$
$$= \frac{66}{324} 0.292 + \frac{191}{403} 0.363 + \frac{307}{384} 0.346 = 0.508.$$

Die Verwendung der hier als bekannt angenommenen Schichtenanteile der geplanten Stichprobe zur Gewichtung der Anteile der Frauen in den Schichten der realisierten Stichprobe führt zu einem ähnlichen Frauenanteil wie in der geplanten Stichprobe:

$$P(X = 1) \approx \sum_{h \in \mathcal{H}} P(X = 1 | H = h, R_s = 1) P(H = h)$$
$$= \frac{66}{324} 0.4 + \frac{191}{403} 0.35 + \frac{307}{384} 0.25 = 0.4472.$$

Zu beachten ist, dass das Beispiel unter Gültigkeit der Unabhängigkeitsbedingung (6.16) konstruiert wurde. Ist die Unabhängigkeitsbedingung nicht erfüllt, kann die Korrekturmethode auch zu einer Vergrößerung der Abweichung führen.

## 6.4 Designgewichte

Wenn es bei einem Stichprobendesign unterschiedliche Inklusionswahrscheinlichkeiten für die Elemente einer Grundgesamtheit gibt, sind einfache Schätzfunktionen, mit denen wir uns in Abschnitt 5.3 beschäftigt haben, nicht mehr erwartungstreu. In vielen Fällen kann man jedoch Verzerrungen vermeiden, wenn man Designgewichte $1/\pi_i$ verwendet.

Wir besprechen das anhand einer Schätzfunktion für den Mittelwert einer Variablen $X$. Anstelle der einfachen Schätzfunktion $M(X; S)$ aus Abschnitt 5.3 verwenden wir jetzt eine Schätzfunktion

$$M_w(X; S) = \frac{1}{N} \sum_{i=1}^{N} \frac{x_i}{\pi_i} I_i(S), \qquad (6.23)$$

bei der die Werte $x_i$ mit Gewichten $1/\pi_i$ multipliziert werden. Diese Schätzfunktion, die oft als ein Horvitz-Thomson-Schätzer bezeichnet wird, ist erwartungstreu, denn

$$\begin{aligned}\mathrm{E}(\mathrm{M}_w(X;S)) &= \sum_{s\in\mathcal{S}} \frac{1}{N} \sum_{i=1}^{N} \frac{x_i}{\pi_i} I_i(s) \Pr(S=s) \\ &= \frac{1}{N} \sum_{i=1}^{N} \frac{x_i}{\pi_i} \sum_{s\in\mathcal{S}} I_i(s) \Pr(S=s) \qquad (6.24) \\ &= \frac{1}{N} \sum_{i=1}^{N} x_i,\end{aligned}$$

wobei das letzte Gleichheitszeichen aus der Gleichung

$$\sum_{s\in\mathcal{S}} I_i(s)\Pr(S=s) = \pi_i \qquad (6.25)$$

folgt.

## 6.5 Aufgaben

1. Es wird eine Grundgesamtheit betrachtet, die aus zwei Teilen besteht: $\mathcal{U} = \mathcal{U}_1 \cup \mathcal{U}_2$, $N_1 = 10000$, $N_2 = 2000$. Mit einem geschichteten Auswahlverfahren werden jeweils einfache Stichproben mit $n_1 = n_2 = 100$ gezogen.

   a) Wieviele unterschiedliche Gesamtstichproben können gebildet werden?

   b) Berechnen Sie Inklusions- und Ziehungswahrscheinlichkeiten.

2. Es gibt 5 Schulen mit den Schülerzahlen 50, 60, 70, 80 bzw. 90. Beschreiben Sie ein zweistufiges PPS-Design, bei dem mit einer Ziehung von zwei Schulen begonnen wird und dann aus jeder Schule eine Teilstichprobe des Umfangs $q = 20$ gezogen wird.

   a) Welche Ziehungswahrscheinlichkeiten müssen auf der ersten Stufe verwendet werden?

   b) Welche Inklusionswahrscheinlichkeiten gibt es auf den beiden Stufen und insgesamt?

3. Benötigt man eine gewichtete Schätzfunktion, um bei einem PPS-Design den Mittelwert einer Variablen zu schätzen? Begründen Sie Ihre Antwort.

4. Fortsetzung von Aufgabe 1. Es sei $X$ eine binäre Variable mit den Verteilungen $P(X = 1) = 0.6$ in $\mathcal{U}_1$ und $P(X = 1) = 0.3$ in $\mathcal{U}_2$. Nehmen Sie an, dass es in der Teilstichprobe $s_1$ 60 und in der Teilstichprobe $s_2$ 30 Elemente mit $X = 1$ gibt.

   a) Berechnen Sie $P(X = 1)$ für die Gesamtheit $\mathcal{U}$.

   b) Berechnen Sie aus der Gesamtstichprobe $s = s_1 \cup s_2$ Schätzwerte für $P(X = 1)$. Zunächst einen ungewichteten Schätzwert $M(X; s)$, dann einen gewichteten Schätzwert $M_w(X; s)$. Vergleichen Sie die Ergebnisse.

## 6.6 R-Code

Konditionierende Variablen (siehe Abschnitt 6.3.2):

```r
## bekannte Variablen
# Schichtenanteile von geplanter SP
ph <- c(0.4,0.35,0.25)
# rel. Hfg. an Frauen pro Schicht (geplante SP)
py <- c(0.2,0.5,0.8)
# Anteile realisierte SP
pr <- c(0.4,0.6,0.8)

## geplante SP
# Anzahl an Personen (geplante SP)
N <- 2000
# Personen pro Schicht
Nh <- N*ph; Nh
# Frauen pro Schicht
Nhy <- N*ph*py; Nhy
# Männer pro Schicht
Nhx <- Nh - Nhy; Nhx

# Realisation von R
set.seed(6)
# Frauen pro Schicht in der realisierten SP
Nhyr <- rbinom(n = c(1,1,1), size = Nhy, prob = pr); Nhyr
# Männer pro Schicht in der realisierten SP
Nhxr <- rbinom(n = c(1,1,1), size = Nhx, prob = pr); Nhxr
# Personen pro Schicht in der realisierren SP
Nhr <- Nhxr + Nhyr; Nhr

# Anteil der Frauen in der geplanten SP
sum( Nhy / Nh * ph )

# Anteil der Frauen in den Schichten der realisierten SP
Nhyr / Nhr

# Schichtenanteile realisierte SP
phr <- Nhr / sum(Nhr); phr

# Überschätzung des Anteils der Frauen
sum(Nhyr / Nhr * phr)

# Korrektur mit Schichtenanteilen
sum(Nhyr / Nhr * ph)
```

# 7
# Deskriptive Modelle

*Werte statistischer Variablen, wie beispielsweise Monatseinkommen, kommen meistens nicht zufällig zustande. Dennoch kann es informativ sein, auch diesen Variablen eine theoretische Wahrscheinlichkeitsverteilung zu unterstellen. In diesem Kapitel erläutern wir eine solche Betrachtung anhand von zwei Beispielen: Daten über Anzahlen von Arztbesuchen und klassierte Einkommensdaten.*

7.1 Einleitung . . . . . . . . . . . . . . . . . . . . . . . . . 108
7.2 Anpassen theoretischer Verteilungen . . . . . . . . . . . 108
    7.2.1 Häufigkeiten von Arztbesuchen . . . . . . . . . . 108
    7.2.2 Interpretation des Schätzverfahrens . . . . . . . . 110
7.3 Gruppierte Einkommensdaten . . . . . . . . . . . . . . 111
7.4 Anpassungstests . . . . . . . . . . . . . . . . . . . . . . 114
7.5 Wie gut muss das Modell passen? . . . . . . . . . . . . . 116
7.6 Aufgaben . . . . . . . . . . . . . . . . . . . . . . . . . . 118
7.7 R-Code . . . . . . . . . . . . . . . . . . . . . . . . . . . 119

## 7.1 Einleitung

In diesem Kapitel beschäftigen wir uns mit der Frage, wie man Daten durch theoretische Verteilungen darstellen kann, deren Verteilungsfunktion man explizit durch eine mathematische Formel angeben kann. Wir beginnen mit zwei Beispielen: Häufigkeiten von Arztbesuchen und individuelle Nettoeinkommen. Für das Anpassen theoretischer Verteilungen verwenden wir die ML-Methode, die für diesen Zweck in Abschnitt 7.2.2 durch eine alternative Interpretation motiviert wird.

Im Anschluss an die Beispiele besprechen wir die Idee, mit Hilfe von Anpassungstests zu untersuchen, ob sich theoretische Verteilungen zur Repräsentation von Daten eignen. Es zeigt sich, dass sehr oft – wie auch in unseren Beispielen – eine als Hypothese formulierte theoretische Verteilung abgelehnt werden muss. Im letzten Abschnitt besprechen wir, dass es dennoch – abhängig vom Verwendungszweck – sinnvoll sein kann, theoretische Verteilungen zu verwenden.

## 7.2 Anpassen theoretischer Verteilungen

### 7.2.1 Häufigkeiten von Arztbesuchen

Als Beispiel beziehen wir uns auf Häufigkeiten von Arztbesuchen. Wir verwenden Daten aus dem ALLBUS, einer „Allgemeinen Bevölkerungsumfrage der Sozialwissenschaften", die seit 1980 zweijährlich durchgeführt wird und für die Forschung frei verfügbar ist.[1] Informationen über Arztbesuche wurden zuletzt im ALLBUS 2014 erhoben.[2] Die Variable V264 liefert Angaben zu folgender Frage: Wie oft sind Sie in den letzten drei Monaten beim Arzt gewesen?

Da im ALLBUS mit unterschiedlichen Auswahlsätzen für die alten und die neuen Bundesländer gearbeitet wird, sollte bei Auswertungen unterschieden werden. Wir verwenden die Daten für die neuen Bundesländer; Tabelle 7.1 zeigt sie in den ersten beiden Spalten. $n_j$ ist die Anzahl der Personen, die $j$ Arztbesuche angegeben haben; insgesamt gibt es $n = \sum_j n_j = 1104$ Personen mit gültigen Antworten.

---

[1] www.gesis.org/allbus/allbus/.
[2] Wir verwenden die Version ZA5240_v2-1-0.sav. Die folgenden Berechnungen beruhen auf der daraus gebildeten Tabelle istat1.df.

## 7.2 Anpassen theoretischer Verteilungen

**Tabelle 7.1:** Beobachtete und theoretische Häufigkeiten von Arztbesuchen

| $j$ | $n_j$ | $f(j,\hat{\delta})$ | $nf(j,\hat{\delta})$ | $j$ | $n_j$ | $f(j,\hat{\delta})$ | $nf(j,\hat{\delta})$ |
|---|---|---|---|---|---|---|---|
| 0 | 309 | 0.3209 | 354.31 | 10 | 12 | 0.0067 | 7.39 |
| 1 | 309 | 0.2179 | 240.60 | 12 | 9 | 0.0031 | 3.41 |
| 2 | 184 | 0.1480 | 163.38 | 15 | 5 | 0.0010 | 1.07 |
| 3 | 142 | 0.1005 | 110.95 | 16 | 1 | 0.0007 | 0.72 |
| 4 | 50 | 0.0682 | 75.34 | 18 | 1 | 0.0003 | 0.33 |
| 5 | 36 | 0.0463 | 51.16 | 20 | 2 | 0.0001 | 0.15 |
| 6 | 19 | 0.0315 | 34.74 | 21 | 1 | 0.0001 | 0.10 |
| 7 | 9 | 0.0214 | 23.59 | 30 | 4 | 0.0000 | 0.00 |
| 8 | 7 | 0.0145 | 16.02 | 36 | 1 | 0.0000 | 0.00 |
| 9 | 2 | 0.0099 | 10.88 | 48 | 1 | 0.0000 | 0.00 |

Als eine mögliche theoretische Verteilung für diese Daten betrachten wir die geometrische Verteilung, die bereits im Abschnitt 1.2.6 besprochen wurde. Da jetzt der Wertebereich bei 0 beginnt, verwenden wir die Häufigkeitsfunktion

$$f(j;\delta) = \delta(1-\delta)^j \qquad (j = 0,1,2,\ldots). \tag{7.1}$$

Um diese Verteilung an die Daten anzupassen, kann die ML-Methode verwendet werden. Die Likelihoodfunktion ist

$$\mathcal{L}(\delta) = \prod_{j \in J} f(j;\delta)^{n_j}, \tag{7.2}$$

wobei $J$ die Menge der $j$-Werte in der ersten und fünften Spalte von Tabelle 7.1 ist. Aus der Maximierung der Loglikelihoodfunktion

$$\ell(\delta) = \sum_{j \in J} n_j \log(\delta(1-\delta)^j) \tag{7.3}$$

findet man den Schätzwert

$$\hat{\delta} = \frac{1}{\bar{x}+1}, \tag{7.4}$$

wobei $\bar{x}$ der Mittelwert der Daten ist (Aufgabe 2). Aus Tabelle 7.1 berechnet man $\bar{x} = 2.1159$, also ist $\hat{\delta} = 0.3209$.

Tabelle 7.2 zeigt in der dritten Spalte die mit diesem Schätzwert berechneten theoretischen Häufigkeiten. Durch Multiplikation mit $n = 1104$ findet man die theoretischen absoluten Häufigkeiten (Spalten 4 und 8).

## 7.2.2 Interpretation des Schätzverfahrens

In Abschnitt 2.3 haben wir die ML-Methode damit begründet, dass diejenigen Schätzwerte für die unbekannten Verteilungsparameter verwendet werden sollten, die die Wahrscheinlichkeit für die in einer Stichprobe gefundenen Daten maximieren. Für deskriptive Variablen eignet sich diese Überlegung nicht, denn man kann bei ihnen nicht sinnvoll von Wahrscheinlichkeiten reden, mit denen sie Werte annehmen. Es ist deshalb von Interesse, dass man die ML-Methode auch auf eine andere Weise motivieren kann.

Sei $X$ eine deskriptive Variable, für die ein Verteilungsmodell $f(x;\theta)$ geschätzt werden soll; der Wertebereich sei $\mathcal{X}$. Wir nehmen an, dass Daten durch eine Stichprobe $(x_1,\ldots,x_n)$ bzw. durch Häufigkeiten $p_x = \mathrm{P}(X=x)$ (für $x \in \mathcal{X}$) gegeben sind. Die korrespondierenden theoretischen Häufigkeiten, die durch das Verteilungsmodell angenommen werden, sind $f(x;\theta)$.

Jetzt wird gefragt: Welche theoretischen Häufigkeiten passen am besten zu den beobachteten Häufigkeiten. Dafür braucht man eine Abstandsfunktion, die die Differenz zwischen $p_x$ und $f(x;\theta)$ quantifiziert. Eine Funktion, die man hierfür verwenden kann, ist

$$d_{ML}(\theta) = \sum_{x \in \mathcal{X}} n_x \log\left(\frac{p_x}{f(x;\theta)}\right), \qquad (7.5)$$

wobei $n_x = n\,p_x$ ist; sie wird oft Kullback-Leibler-Abstand genannt. Man kann zeigen, dass diese Funktion keine negativen Werte annehmen kann und genau dann Null wird, wenn $p_x = f(x;\theta)$ ist (für alle $x \in \mathcal{X}$).[3] Einen optimalen Parametervektor $\hat{\theta}$ erhält man also dadurch, dass man $d_{ML}(\theta)$ minimiert. Nun ist jedoch

$$d_{ML}(\theta) = \sum_{x \in \mathcal{X}} n_x \log(p_x) - \sum_{x \in \mathcal{X}} n_x \log(f(x;\theta)). \qquad (7.6)$$

Die Minimierung von $d_{ML}(\theta)$ ist also gleichbedeutend mit der Maximierung der Loglikelihoodfunktion

$$\ell(\theta) = \sum_{x \in \mathcal{X}} n_x \log(f(x;\theta)) = \sum_{i=1}^{n} \log(f(x_i;\theta)). \qquad (7.7)$$

---

[3] Dies wird z.B. bei Rohwer und Pötter (2001: 148f) näher dargestellt.

**Tabelle 7.2:** Gruppierte Einkommensdaten (ALLBUS 2016)

| | | | alte Bundesländer | | | neue Bundesländer | |
|---|---|---|---|---|---|---|---|
| $j$ | $a_{j-1}$ | $a_j$ | $n_j$ | $\pi_j$ | $n_j\pi_j$ | $n_j$ | $\pi_j$ | $n_j\pi_j$ |
| 1 | 1 | 200 | 20 | 0.0037 | 7.4 | 7 | 0.0010 | 1.1 |
| 2 | 200 | 300 | 32 | 0.0130 | 26.3 | 6 | 0.0073 | 7.7 |
| 3 | 300 | 400 | 60 | 0.0246 | 49.8 | 18 | 0.0202 | 21.3 |
| 4 | 400 | 500 | 92 | 0.0348 | 70.5 | 46 | 0.0356 | 37.5 |
| 5 | 500 | 625 | 86 | 0.0536 | 108.6 | 60 | 0.0631 | 66.6 |
| 6 | 625 | 750 | 93 | 0.0599 | 121.3 | 61 | 0.0767 | 80.9 |
| 7 | 750 | 875 | 99 | 0.0621 | 125.7 | 72 | 0.0825 | 87.0 |
| 8 | 875 | 1000 | 70 | 0.0614 | 124.3 | 74 | 0.0823 | 86.7 |
| 9 | 1000 | 1125 | 131 | 0.0589 | 119.2 | 124 | 0.0781 | 82.4 |
| 10 | 1125 | 1250 | 118 | 0.0554 | 112.2 | 77 | 0.0718 | 75.7 |
| 11 | 1250 | 1375 | 77 | 0.0514 | 104.1 | 56 | 0.0645 | 68.0 |
| 12 | 1375 | 1500 | 71 | 0.0473 | 95.7 | 63 | 0.0570 | 60.1 |
| 13 | 1500 | 1750 | 207 | 0.0825 | 166.9 | 128 | 0.0931 | 98.2 |
| 14 | 1750 | 2000 | 145 | 0.0678 | 137.2 | 62 | 0.0694 | 73.2 |
| 15 | 2000 | 2250 | 182 | 0.0554 | 112.1 | 72 | 0.0511 | 53.9 |
| 16 | 2250 | 2500 | 83 | 0.0451 | 91.3 | 29 | 0.0375 | 39.5 |
| 17 | 2500 | 2750 | 115 | 0.0368 | 74.5 | 21 | 0.0274 | 28.9 |
| 18 | 2750 | 3000 | 41 | 0.0301 | 60.9 | 14 | 0.0202 | 21.3 |
| 19 | 3000 | 4000 | 178 | 0.0758 | 153.3 | 42 | 0.0403 | 42.5 |
| 20 | 4000 | 5000 | 75 | 0.0364 | 73.7 | 14 | 0.0130 | 13.7 |
| 21 | 5000 | 7500 | 49 | 0.0320 | 64.8 | 8 | 0.0068 | 7.2 |

Zur Begründung der ML-Methode wird bei diesem Ansatz nicht auf „Wahrscheinlichkeiten von Beobachtungen" Bezug genommen, sondern es wird die Idee verfolgt, dass ein Verteilungsmodell möglichst gut zu gegebenen Daten passen soll.

## 7.3 Gruppierte Einkommensdaten

In diesem Abschnitt besprechen wir die Idee, eine stetige Dichtefunktion an Daten anzupassen, die in gruppierter Form vorliegen. Als Beispiel betrachten wir Daten über individuelle monatliche Nettoeinkommen, die im ALLBUS 2016 erfragt wurden.[4] Tabelle 7.2 zeigt die Daten für alte und neue Bundesländer. Die Einkommensintervalle $[a_{j-1}, a_j[$ sind rechts offen. Wir schließen 19 Personen

---

[4]Wir verwenden die Variable INCC aus dem Datenfile ZA5251_v1-1-0.sav. Die folgenden Berechnungen beruhen auf der daraus gebildeten Tabelle istat4.df.

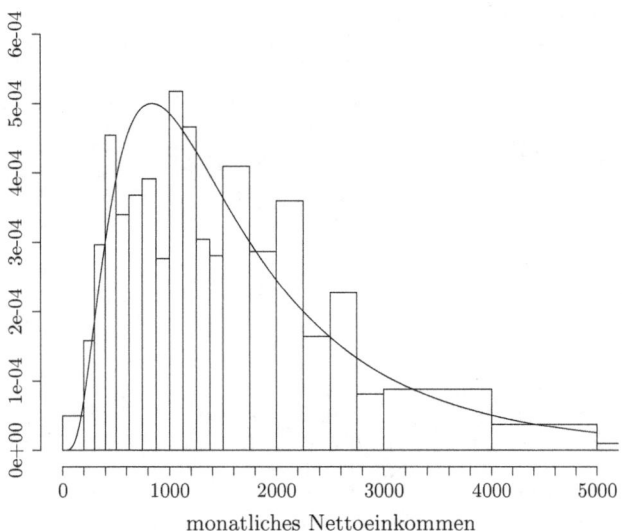

**Abb. 7.1:** Histogramme und geschätzte Lognormalverteilungen (alte Bundesländer).

in der höchsten Einkommensklasse, die bei 7500 Euro beginnt, aus. Dann bleiben für die alten Bundesländer $n = 2024$, für die neuen Bundesländer $n = 1054$ Personen.

Als theoretische Verteilung verwenden wir eine Lognormalverteilung. Die Definition lautet: Eine Variable $X$ ist lognormal verteilt, wenn $\log(X)$ normalverteilt ist. Die Verteilungsfunktion der Lognormalverteilung ist

$$\Phi((\log(x) - \mu)/\sigma), \tag{7.8}$$

wobei $\Phi$ die Verteilungsfunktion der Normalverteilung bezeichnet. Es gibt zwei Parameter: $\mu$ und $\sigma$. Der Erwartungswert ist

$$\mathrm{E}(X) = \exp\left(\mu + \frac{\sigma^2}{2}\right), \tag{7.9}$$

die Varianz ist

$$\mathrm{Var}(X) = \exp(2\,\mu + \sigma^2)\,[\exp(\sigma^2) - 1]. \tag{7.10}$$

## 7.3 Gruppierte Einkommensdaten

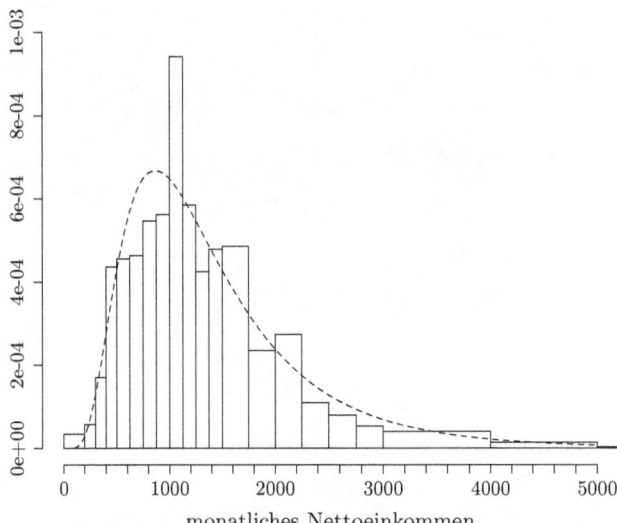

monatliches Nettoeinkommen

**Abb. 7.2:** Histogramme und geschätzte Lognormalverteilungen (neue Bundesländer).

Um eine Lognormalverteilung an die gruppierten Daten anzupassen, kann wiederum die ML-Methode verwendet werden. Wenn $\mu$ und $\sigma$ gegeben sind, gibt es für das $j$.te Intervall die theoretische Häufigkeit

$$\pi_j(\mu,\sigma) = \Phi((\log(a_j) - \mu)/\sigma) - \Phi((\log(a_{j-1}) - \mu)/\sigma). \quad (7.11)$$

Also kann man die Likelihoodfunktion als

$$\mathcal{L}(\mu,\sigma) = \prod_{j=1}^{m} \pi_j(\mu,\sigma)^{n_j} \quad (7.12)$$

schreiben, wobei $m = 21$ ist; und die Loglikelihoodfunktion ist

$$\ell(\mu,\sigma) = \sum_{j=1}^{m} n_j \, \log(\pi_j(\mu,\sigma)). \quad (7.13)$$

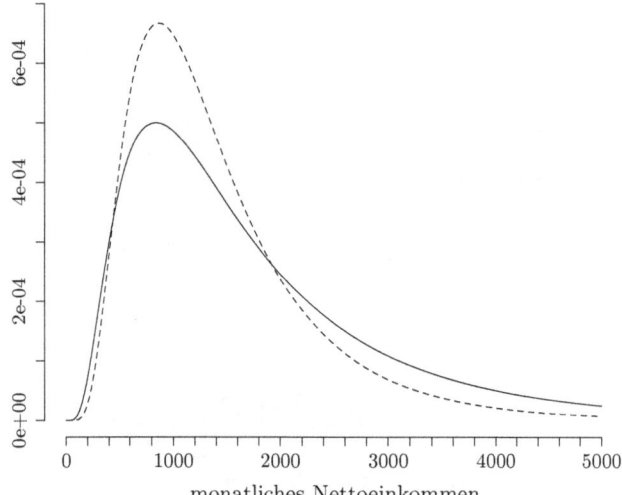

**Abb. 7.3:** Geschätzte Lognormalverteilungen (gestrichelte Linie: neue Bundesländer, durchgezogene Linie: alte Bundesländer).

Aus der Maximierung dieser Funktion gewinnt man die ML-Schätzwerte für $\mu$ und $\sigma$. Mit den Daten aus Tabelle 7.1 findet man:

$$\begin{aligned} \text{alte Bundesländer:} &\quad \hat{\mu} = 7.2650, \ \hat{\sigma} = 0.7336 \\ \text{neue Bundesländer:} &\quad \hat{\mu} = 7.1036, \ \hat{\sigma} = 0.5841 \end{aligned} \quad (7.14)$$

Abb. 7.1 und 7.2 zeigen Histogramme und mit den geschätzten Parametern gebildete Dichtefunktionen; in Abbildung 7.3 werden die beiden Dichtefunktionen verglichen.

## 7.4 Anpassungstests

Wenn man für eine gegebene Menge an Daten eine theoretische Verteilung geschätzt hat, stellt sich die Frage, ob sie eine „brauchbare" Repräsentation liefert. Die Antwort hängt davon ab, wozu die theoretische Verteilung dienen soll. Im Rahmen der induktiven Statistik gibt es noch eine andere Idee: Man stellt sich die Frage, ob man die Daten als Realisationen eines Zufallsgenerators interpretieren kann, der durch die theoretische Verteilung charakterisiert wird. Diese Idee erlaubt es, formale Anpassungstests zu verwenden. Wir besprechen zwei Varianten.

**Likelihood-Ratio-Tests.** Im diskreten Fall kann ein LR-Test verwendet werden (s. Abschnitt 4.3). Man beginnt mit der Loglikelihood eines saturierten Modells, mit dem sich die gegebenen Daten vollständig reproduzieren lassen, und untersucht dann, ob die durch das theoretische Modell vorgenommenen Einschränkungen plausibel sind. Zur Verdeutlichung beziehen wir uns auf die Daten über Arztbesuche. Aus den Angaben in Tabelle 7.1 ergibt sich für das saturierte Modell die Loglikelihood

$$\sum_{j \in J} n_j \log(n_j/n) = -2049.0. \tag{7.15}$$

Für die geometrische Verteilung ergibt sich (s. (7.3))

$$\sum_{j \in J} n_j \log(\hat{\delta}(1-\hat{\delta})^j) = -2158.8. \tag{7.16}$$

Die in (4.11) definierte Teststatistik hat den Wert $D = 219.6$. Unter der Nullhypothese, dass die Daten Realisationen einer Zufallsvariablen mit einer geometrischen Verteilung sind, folgt diese Teststatistik einer $\chi^2$-Verteilung mit 18 Freiheitsgraden.[5] Bei einer Sicherheitswahrscheinlichkeit $\alpha = 0.05$ liegt der kritische Wert der $\chi^2$-Verteilung mit 18 Freiheitsgraden bei 28.87. Die Nullhypothese einer geometrischen Verteilung sollte also abgelehnt werden.

Ganz analog kann ein LR-Test für die Anpassung einer Lognormalverteilung an die gruppierten Einkommensdaten durchgeführt werden. Die Loglikelihood für das saturierte Modell kann wiederum mit der Formel (7.15) berechnet werden; mit den Daten aus Tabelle 7.2 für die alten Bundesländer erhält man den Wert -5906.07. Für das theoretische Verteilungsmodell ergibt sich die Loglikelihood aus der Maximierung der Loglikelihoodfunktion (7.13), der Wert ist -6002.99. Die Teststatistik hat in diesem Fall den Wert 193.8 bei 18 Freiheitsgraden. Bei dieser Anzahl von Freiheitsgraden und $\alpha = 0.05$ liegt der kritische Wert der $\chi^2$-Verteilung bei 28.87, so dass die Nullhypothese einer Lognormalverteilung abgelehnt werden sollte.

---

[5] Anzahl der Kategorien minus 1 minus Anzahl der Parameter der theoretischen Verteilung.

**Pearsons $\chi^2$-Test.** Ein ähnlicher Anpassungstest wurde von Karl Pearson entwickelt. Dieser Test verwendet die Teststatistik

$$T = \sum_{j \in J} \frac{(n_j - n\,\hat{\pi}_j)^2}{n\,\hat{\pi}_j}. \qquad (7.17)$$

$J$ ist eine Indexmenge für $m$ Kategorien, $n_j$ ist die Anzahl der Beobachtungen in der Kategorie $j$ ($n = \sum_j n_j$), und $\hat{\pi}_j$ ist die geschätzte theoretische Häufigkeit für die Kategorie $j$. Unter der Annahme, dass die Daten Realisationen einer Zufallsvariablen mit der unterstellten theoretischen Verteilung sind, folgt diese Teststatistik näherungsweise einer $\chi^2$-Verteilung mit $m - k - 1$ Freiheitsgraden, wobei $k$ die Anzahl der Parameter der theoretischen Verteilung ist.[6]

Zur Illustration verwenden wir wiederum die Einkommensdaten aus Tabelle 7.2 für die alten Bundesländer. Die Teststatistik kann unmittelbar aus den Angaben in der Tabelle berechnet werden, sie hat den Wert 177.48, wiederum mit 18 Freiheitsgraden wie beim LR-Test. Auch mit diesem Test sollte also die Nullhypothese abgelehnt werden.

## 7.5 Wie gut muss das Modell passen?

Anpassungstests für theoretische Verteilungen liefern sehr oft ein negatives Ergebnis; jedenfalls bei hinreichend großen Stichprobenumfängen wie in unseren Beispielen. Ob es dennoch sinnvoll ist, ein theoretisches Verteilungsmodell zu verwenden, hängt davon ab, wofür man es verwenden will. Oft soll das Modell nur dazu dienen, für einige Aspekte einer Verteilung, wie bspw. Mittelwert, Varianz und Quantile, brauchbare Näherungen zu repräsentieren. Diesen Zweck haben theoretische Verteilungen beispielsweise dort, wo sie in einem Regressionsmodell für eine abhängige Variable verwendet werden, um zu untersuchen, wie Aspekte ihrer Verteilung von Werten anderer Variablen abhängen. Eine für diese Aufgabe brauchbare theoretische Verteilung muss nicht unbedingt alle Einzelheiten einer empirischen Verteilung genau darstellen.

Noch eine weitere Überlegung ist wichtig. In vielen Fällen kann man die beobachtete Häufigkeitsverteilung als eine Verteilung betrachten, die sich aus Verteilungen für unterschiedliche Gruppen

---

[6]Der mathematische Hintergrund wird z.B. bei Fisz (1976: 511ff) erklärt.

## 7.5 Wie gut muss das Modell passen?

zusammensetzt. Wenn es dann ein theoretisches Modell für die gruppenspezifischen Verteilungen gibt, kann es meistens nicht zugleich für die zusammengesetzte Verteilung gelten. Zur Illustration betrachten wir die Verteilung der Anzahl der Arztbesuche. Angenommen, es gibt $K$ Altersgruppen und in jeder Altersgruppe folgt die Anzahl der Arztbesuche einer geometrischen Verteilung $f(j; \delta_k)$. Sind dann die Gruppenanteile durch $a_k$ gegeben, gibt es die Gesamtverteilung

$$f(j) = \sum_{k=1}^{K} a_k \, f(j; \delta_k). \tag{7.18}$$

Für diese Gesamtverteilung kann eine geometrische Verteilung nicht mehr gelten (Aufgabe 6).

Um Gruppen von Personen (oder anderen Einheiten) zu unterscheiden, werden bedingte Verteilungen verwendet. Erfasst z.B. $X$ die Anzahl der Arztbesuche und ist $Z$ eine Variable für Altersgruppen, bedeutet

$$\mathrm{P}(X = x \mid Z = z) \tag{7.19}$$

die Häufigkeit für die Anzahl $X = x$ bei den Personen in der Altersgruppe $Z = z$. Ganz analog kann man $\Pr(X = x \mid Z = z)$ verwenden, wenn man $X$ als eine Zufallsvariable auffasst.

Wenn eine Verteilung für die als Bedingung verwendete Variable $Z$ gegeben ist, gilt die Beziehung

$$\mathrm{P}(X = x \mid Z = z)\, \mathrm{P}(Z = z) = \mathrm{P}(X = x, Z = z). \tag{7.20}$$

Auf der rechten Seite steht die Häufigkeit, dass $X$ den Wert $x$ *und* $Z$ den Wert $z$ hat (das Komma ist als ein 'und' zu lesen). Verwendet man diese Beziehung, kann man die Verteilung von $X$ als eine zusammengesetzte Verteilung

$$\mathrm{P}(X = x) = \sum_{z \in \mathcal{Z}} \mathrm{P}(X = x \mid Z = z)\, \mathrm{P}(Z = z) \tag{7.21}$$

darstellen. Diese Betrachtungsweise motiviert, nicht mit der Suche nach einer theoretischen Verteilung für $X$ zu beginnen, sondern zunächst Modelle für die bedingten Verteilungen zu entwickeln. Damit beschäftigen wir uns in den folgenden Kapiteln.

## 7.6 Aufgaben

1. Sei $X$ eine Variable mit $m$ möglichen Werten. Begründen Sie, dass eine theoretische Verteilung für $X$ höchstens $m-2$ Parameter haben sollte.

2. Zeigen Sie, wie man durch Nullsetzen der Ableitung der Loglikelihoodfunktion (7.3) zum ML-Schätzwert (7.4) gelangt.

3. Bilden Sie aus der ersten Ableitung der Verteilungsfunktion (7.8) die Dichtefunktion der Lognormalverteilung.

4. Berechnen Sie aus den Werten in (7.14) Erwartungswerte und die Varianzen der geschätzten Lognormalverteilungen für die alten und neuen Bundesländer.

5. Prüfen Sie mit einem LR-Test die Hypothese, dass die Einkommensdaten in Tabelle 7.2 für die alten Bundesländer einer Lognormalverteilung folgen.

6. Zeigen Sie anhand eines Beispiels, dass für
$$a\,\delta_1\,(1-\delta_1)^j + (1-a)\,\delta_2\,(1-\delta_2)^j$$
keine geometrische Verteilung gilt.

## 7.7 R-Code

Beispielrechnungen anhand den Daten aus Tabelle 7.1 (siehe Abschnitt 7.2.1):

```
j <- c(0:10,12,15:16,18,20:21,30,36,48)
nj <- c(309,309,184,142,50,36,19,9,7,2,12,9,5,1,1,2,1,4,1,1)
# rel. Hfg. der Personen, die j Arztbesuche angegeben
fj <- nj/sum(nj); fj
# Mittelwert an Arztbesuchen
x.quer <- sum(j * fj); x.quer
# Schätzwert für Delta
delta <- 1 / (x.quer + 1); delta
```

Anpassungtests (siehe Abschnitt 7.4):

```
# ll saturiertes Modell
ll.sat <- sum( nj*log(nj/sum(nj)) ); ll.sat
# ll geometrische Verteilung
ll.geo <- sum( nj * log(delta*(1-delta)^j) ); ll.geo
# Teststatistik D
D <- 2 * (ll.sat - ll.geo); D
# kritischer Wert auf 5%-Niveau (df=18 (19 versus 1 Parameter))
krit <- qchisq(p = 1 - 0.05, df = 18); krit

# Test: D < krit: H0 (geom. Verteilung) kann nicht abgelehnt werden
D < krit
```

# 8
# Probabilistische Regressionsmodelle

*Mit probabilistischen Regressionsmodellen sollen Regeln gefunden werden, mit denen das Zustandekommen von Sachverhalten in Abhängigkeit von Bedingungen vorausgesagt werden kann. Dafür werden bedingte Wahrscheinlichkeitsverteilungen verwendet. In diesem Kapitel betrachten wir als Beispiel Modelle für die Wahrscheinlichkeit, die Schule mit einem Abitur zu verlassen.*

| | | |
|---|---|---|
| 8.1 | Einleitung | 122 |
| 8.2 | Eine binäre abhängige Variable | 123 |
| | 8.2.1 Der theoretische Ansatz | 123 |
| | 8.2.2 Beispiel: Schulabschluss Abitur | 124 |
| | 8.2.3 Zustände und Ereignisse | 125 |
| | 8.2.4 Quantitative Regressorvariablen | 125 |
| | 8.2.5 Interaktion zwischen Regressorvariablen | 127 |
| 8.3 | Standardfehler der Parameterschätzungen | 127 |
| 8.4 | Aufgaben | 131 |
| 8.5 | R-Code | 132 |

## 8.1 Einleitung

Regressionsmodelle sind Modelle für bedingte Verteilungen. Einfache Formen werden bereits in der deskriptiven Statistik behandelt (man vgl. bspw. Behr (2017)). Dort dienen sie zur Beschreibung von Aspekten der jeweils gegebenen Daten. In der induktiven Statistik möchte man Daten für Generalisierungen verwenden. Zwei Arten sind zu unterscheiden.

Wenn die Daten durch eine Stichprobe aus einer realen Grundgesamtheit entstanden sind, kann man versuchen, anhand der Daten gefundene bedingte Verteilungen für die Grundgesamtheit zu verallgemeinern. Soweit das gelingt, erhält man ein deskriptives Regressionsmodell für die Grundgesamtheit.

Eine andere Art der Generalisierung zielt auf probabilistische Regeln, die allgemein folgende Form haben:

> Wenn die Bedingungen ... gegeben sind, wird wahrscheinlich ein Sachverhalt ... eintreten oder der Fall sein.

Jeder kennt viele Regeln dieser Art, bei denen man sich meistens mit qualitativen Charakterisierungen der Wahrscheinlichkeitsaussage im Dann-Teil der Regel begnügt. Mit probabilistischen Regressionsmodellen bemüht man sich, die Wahrscheinlichkeitsaussagen zu quantifizieren. Um das zu erreichen, wird für den Dann-Teil der Regel eine Zufallsvariable verwendet, so dass es folgende allgemeine Form gibt:

> Wenn die Bedingungen ... gegeben sind, hat eine Zufallsvariable die Wahrscheinlichkeitsverteilung ...

Wir sprechen von probabilistischen Regressionsmodellen, wenn bzw. weil die abhängige Variable als eine Zufallsvariable konzipiert wird. Die probabilistischen Aspekte des Modells resultieren aus dieser theoretischen Unterstellung, sie beruhen nicht darauf, dass Daten aus Stichproben aus realen Grundgesamtheiten stammen. Das wird im Abschnitt 8.3 bei der inferenzstatistischen Interpretation noch einmal verdeutlicht.

Probabilistische Regressionsmodelle unterscheiden sich in erster Linie nach der Art der abhängigen Variablen. In diesem Kapitel beziehen wir uns auf eine binäre abhängige Variable; in den folgenden Kapiteln betrachten wir andere Arten abhängiger Variablen.

## 8.2 Eine binäre abhängige Variable

### 8.2.1 Der theoretische Ansatz

Wir beziehen uns auf eine binäre Zufallsvariable $Y$ mit den möglichen Werten 0 und 1. Es soll untersucht werden, wie die Wahrscheinlichkeitsverteilung von $Y$ von Werten anderer Variablen abhängt; es werden also bedingte Verteilungen betrachtet, die die Form

$$\Pr(Y = 1 \mid X = x) \qquad (8.1)$$

haben. Hier ist $X$ eine Variable, deren Werte als Bedingungen verwendet werden. Solche als Bedingungen verwendete Variablen werden auch als Regressorvariablen bezeichnet. Es wird angenommen, dass es für jeden Wert $x$ im Wertebereich $\mathcal{X}$ eine bestimmte bedingte Verteilung von $Y$ gibt. Das Ziel besteht darin, eine Regressionsfunktion

$$x \longrightarrow \Pr(Y = 1 \mid X = x) \qquad (8.2)$$

zu finden, die zeigt, wie die Verteilung von $Y$ von den möglichen Werten von $X$ abhängt. Ein allgemeiner Ansatz besteht darin, parametrische Regressionsfunktionen

$$\Pr(Y = 1 \mid X = x) = g(x; \alpha, \beta, \ldots) \qquad (8.3)$$

zu verwenden. Hier ist $g$ eine mathematische Funktion mit den Parametern $\alpha, \beta, \ldots$, deren Werte mit Hilfe von Daten geschätzt werden müssen. Wenn Daten $(x_i, y_i)$ für $i = 1, \ldots, n$ verfügbar sind, kann das mit der ML-Methode gemacht werden. Die Likelihoodfunktion ist

$$\mathcal{L}(\alpha, \beta, \ldots) = \prod_{i=1}^{n} g(x_i; \alpha, \beta, \ldots)^{y_i} \left(1 - g(x_i; \alpha, \beta, \ldots)\right)^{1-y_i}. \qquad (8.4)$$

Aus der Maximierung dieser Funktion gewinnt man die ML-Schätzwerte $\hat{\alpha}, \hat{\beta}, \ldots$ und somit eine numerisch spezifizierte Form der Regressionsfunktion.

Zu überlegen ist, welche mathematische Form für die Regressionsfunktion verwendet werden sollte. Man kann beispielsweise eine lineare Funktion

$$\Pr(Y = 1 \mid X = x) = \alpha + x\,\beta \qquad (8.5)$$

verwenden. Stattdessen wird oft ein Logitmodell

$$\Pr(Y = 1 \mid X = x) = \frac{\exp(\alpha + x\,\beta)}{1 + \exp(\alpha + x\,\beta)} = L(\alpha + x\,\beta) \quad (8.6)$$

verwendet, um zu erreichen, dass die Regressionsfunktion nur Werte zwischen 0 und 1 annehmen kann (Aufgabe 1). Um die Schreibweise zu vereinfachen, verwenden wir die Funktion $L(x) = \exp(x)/(1 + \exp(x))$; die Inverse dieser Funktion wird auch als Logitfunktion bezeichnet.

### 8.2.2 Beispiel: Schulabschluss Abitur

Als Beispiel verwenden wir eine Variable $Y$, mit der erfasst wird, ob eine Person die Schule mit einem Abitur abgeschlossen hat ($Y = 1$) oder nicht ($Y = 0$). Daten entnehmen wir wieder dem ALLBUS 2016.[1] Wir verwenden Angaben von $n = 2221$ Personen aus den alten Bundesländern mit einem Geburtsjahr zwischen 1937 und 1997. 925 dieser Personen (41.6 %) haben als Schulabschluss ein Abitur (FHS- oder HS-Reife).

Man kann die Verteilung von $Y$ von zahlreichen Bedingungen abhängig machen. Um einfach anzufangen, verwenden wir eine binäre Variable $X$, die den Wert 1 hat, wenn der Vater, die Mutter oder beide eine Fachhochschul- oder Hochschulreife haben.[2] Die gemeinsame Verteilung von $X$ und $Y$ sieht so aus:

|       | $x = 0$ | $x = 1$ |
|-------|---------|---------|
| $y = 0$ | 1179    | 117     |
| $y = 1$ | 521     | 404     |

Daraus erhält man für die bedingten Verteilungen

$$\Pr(Y = 1 \mid X = 0) = 521/1700 = 0.306 \quad \text{und}$$
$$\Pr(Y = 1 \mid X = 1) = 404/521\phantom{0} = 0.775.$$

---

[1] Wir verwenden die Variable EDUC aus dem Datenfile ZA5251_v1-1-0.sav. Die Ausprägungen 4 (Fachhochschulreife) und 5 (Hochschulreife) werden zu $Y = 1$ zusammengefasst und pauschal als 'Abitur' bezeichnet. Für die folgenden Berechnungen verwenden wir die Tabelle istat3.df.

[2] Wir verwenden die Variablen FEDUC und MEDUC. Wenn Werte bei beiden Variablen fehlen, wird $X = 0$ angenommen.

ML-Schätzungen eines Regressionsmodells ergeben die gleichen Werte. Verwendet man die Spezifikation (8.5), erhält man $\hat{\alpha} = 0.306$ und $\hat{\beta} = 0.469$. Mit der Spezifikation (8.6) erhält man $\hat{\alpha} = -0.8167$ und $\hat{\beta} = 2.0559$ (Aufgabe 2).

### 8.2.3 Zustände und Ereignisse

Zustände und Ereignisse müssen unterschieden werden. Zum Beispiel ist 'verheiratet sein' ein Zustand, der durch ein Ereignis (eine Heirat) entstanden ist. Ebenso ist 'ein Abitur haben' ein Zustand, der durch ein Ereignis ('die Schule mit einem Abitur abschließen') entstanden ist.

Mit binären Variablen können sowohl Zustände als auch Ereignisse erfasst werden. Die Unterscheidung entsteht auf indirekte Weise. Um ein Ereignis zu erfassen, muss man die Variable auf eine Situation beziehen, in der ein Ereignis entstehen kann. Die Verwendung einer Zufallsvariablen erlaubt es dann, von der Wahrscheinlichkeit zu sprechen, mit der ein Ereignis entstanden ist oder entstehen wird.

Da Zustände durch Ereignisse entstehen, ist es oft interessanter, Regressionsmodelle für Ereignisse zu entwickeln. Ein weiterer Grund ist, dass sich die Wahrscheinlichkeit, mit der Ereignisse eines bestimmten Typs entstehen, im historischen Zeitablauf sehr oft verändert. Das gilt insbesondere für unser Beispiel, in dem sich die Daten auf Personen beziehen, die in unterschiedlichen historischen Situationen zur Schule gegangen sind.

### 8.2.4 Quantitative Regressorvariablen

Die Unterscheidung zwischen Geburtskohorten[3] kann durch eine Regressorvariable $Z$ vorgenommen werden, durch die das Geburtsjahr erfasst wird.[4] Abb. 8.1 zeigt, wie sich in dem historischen Zeitraum, in dem die Personen unseres Datensatzes zur Schule gegangen sind, die Häufigkeiten für ein Abitur verändert haben.

---

[3]Der Begriff 'Kohorte' bezieht sich auf eine Gesamtheit von Personen, die ein signifikantes Ereignis in der gleichen historischen Zeitstelle erfahren haben; in diesem Fall ihre Geburt. Analog kann man von Einschulungskohorten, Heiratskohorten usw. sprechen.

[4]Wir definieren $Z$ = Geburtsjahr/100, um die Größen der Werte zu verringern.

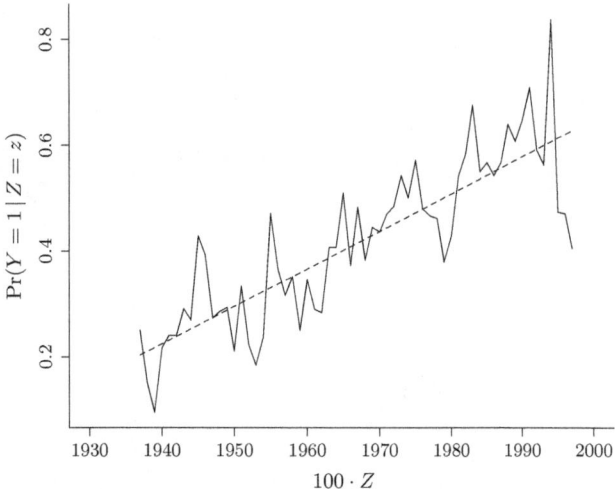

**Abb. 8.1:** Bedingte Häufigkeiten P($Y = 1 \mid Z = z$) und eine lineare Trendfunktion.

Die Abbildung legt nahe, für die Formulierung einer Regressionsfunktion einen linearen Trend anzunehmen. Das kann auf einfache Weise mit dem Modellansatz (8.5) erreicht werden:

$$\Pr(Y = 1 \mid Z = z) = \alpha + z\,\beta. \tag{8.7}$$

Die ML-Schätzwerte sind $\hat{\alpha} = -13.514$ und $\hat{\beta} = 0.7082$. Abb. 8.1 zeigt die Regressionsfunktion mit diesen Werten.

Wegen des nichtlinearen Charakters der Linkfunktion $L(x)$ ist es mit einem Logitmodell nicht ohne weiteres möglich, einen linearen Trend zu formulieren. Zwar würde man in diesem Fall mit einer Regressionsfunktion $L(\alpha + z\,\beta)$ einen sehr ähnlichen fast linearen Trend erhalten. Sobald man weitere Regressorvariablen hinzufügt, würden jedoch erhebliche Abweichungen von einem linearen Trend entstehen. Es muss also stets überlegt werden, wie eine Regressionsfunktion spezifiziert werden sollte.

## 8.2.5 Interaktion zwischen Regressorvariablen

Gibt es geschlechtsspezifische Unterschiede? Eine scheinbar einfache Möglichkeit, dies zu untersuchen, besteht darin, das Modell durch eine weitere Regressorvariable, die das Geschlecht erfasst, zu ergänzen. Wir verwenden eine Variable $F$, die bei Männern den Wert 0 und bei Frauen den Wert 1 hat. Eine mögliche Erweiterung des Modells (8.7) sieht so aus:

$$\Pr(Y = 1 \,|\, Z = z, F = f) = \alpha + z\,\beta + f\,\gamma. \qquad (8.8)$$

Die ML-Schätzwerte sind $\hat\alpha = -13.54$, $\hat\beta = 0.71$ und $\hat\gamma = -0.01$. Das Geschlecht scheint also keine Rolle zu spielen.

Man muss jedoch an Interaktionseffekte denken, womit gemeint ist: Der Zusammenhang zwischen einer Regressorvariablen und der Wahrscheinlichkeitsverteilung der abhängigen Variablen kann auch davon abhängen, welche Werte die jeweils anderen Variablen annehmen. Damit solche Interaktionseffekte sichtbar werden können, muss die Regressionsfunktion auf geeignete Weise spezifiziert werden. In unserem Beispiel kann das als

$$\Pr(Y = 1 \,|\, Z = z, F = f) = \alpha + z\,\beta + f\,\gamma + z\,f\,\delta \qquad (8.9)$$

erfolgen. Jetzt erhält man die Schätzwerte $\hat\alpha = -8.004$, $\hat\beta = 0.428$, $\hat\gamma = -11.214$ und $\hat\delta = 0.570$. Man erhält also für Männer und Frauen deutlich unterschiedliche Regressionsfunktionen:

$$\Pr(Y = 1 \,|\, Z = z, F = 0) = -8.004 + z\,0.428$$
$$\Pr(Y = 1 \,|\, Z = z, F = 1) = -19.219 + z\,0.998$$

Abb. 8.2 zeigt diese beiden Regressionsfunktionen.

## 8.3 Standardfehler der Parameterschätzungen

Probabilistische Regressionsmodelle werden aus Daten konstruiert. Ergebnisse hängen wesentlich von den jeweils verwendeten Regressorvariablen und der Spezifikation der Regressionsfunktion ab. Inferenzstatistische Methoden können bei der Beurteilung der Ergebnisse helfen. Wir skizzieren einen Ansatz, der davon ausgeht, dass ein Modell

$$\Pr(Y = 1 \,|\, X = x) = g(x; \alpha, \beta) \qquad (8.10)$$

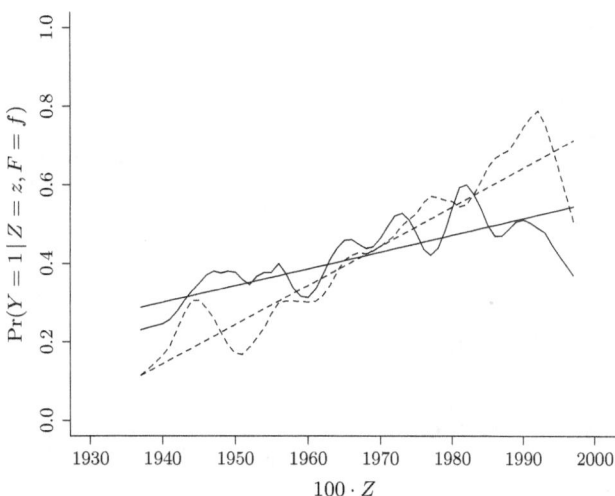

**Abb. 8.2:** Geglättete Darstellung der bedingten Häufigkeiten $P(Y = 1 \mid Z = z, F = f)$, und die mit dem Modell (8.9) geschätzten Regressionsfunktionen; für Männer (durchgezogen) und Frauen (gestrichelt).

konstruiert werden soll. Daten sind als Werte $(x_i, y_i)$ für $i = 1, \ldots, n$ gegeben. Werte von $X$ treten nur als Bedingungen auf; wir fasssen deshalb die beobachteten Werte von $Y$ als Realisationen von Zufallsvariablen $Y_i$ auf, deren Verteilungen durch

$$\Pr(Y_i = 1) = \Pr(Y = 1 \mid X = x_i) = g(x_i; \alpha, \beta) \qquad (8.11)$$

gegeben sind. Anders als im Kapitel 2 werden also jetzt die Stichprobenvariablen $Y_1, \ldots, Y_n$ nicht durch einen artifiziellen Zufallsgenerator definiert, sondern durch die theoretische Unterstellung eines Regressionsmodells. Für die ML-Methode wird angenommen, dass sie unabhängig sind.

Wenn das Modell gegeben ist, kann man sich – bei fixierten Werten der Regressorvariablen $x_1, \ldots, x_n$ – beliebig viele Realisationen der Stichprobenvariablen $Y_1, \ldots, Y_n$ vorstellen. Jede Stichprobe liefert Schätzwerte $\hat{\alpha}$ und $\hat{\beta}$, die man als Werte von Schätzfunktionen $\hat{\hat{\alpha}}$ bzw. $\hat{\hat{\beta}}$ betrachten kann.

## 8.3 Standardfehler der Parameterschätzungen

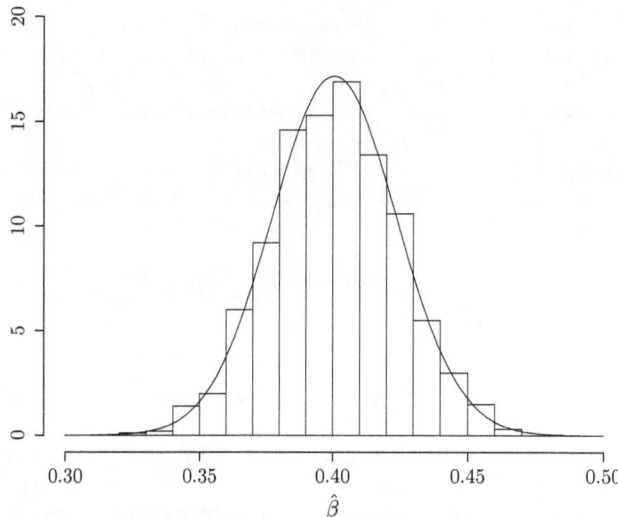

**Abb. 8.3:** Die Verteilung von 1000 Schätzwerten $\hat{\beta}$ in Form eines Histogramms; außerdem die Dichtefunktion einer Normalverteilung.

Wenn die Anzahl der Stichproben groß wird, haben diese Schätzfunktionen näherungsweise eine Normalverteilung. Um das zu illustrieren, verwenden wir das in Abschnitt 8.2.2 betrachtete Regressionsmodell

$$\Pr(Y_i = 1) = \Pr(Y = 1 \mid X = x_i) = \alpha + x_i\,\beta. \tag{8.12}$$

Für die Illustration werden die Parameterwerte $\alpha = 0.3$ und $\beta = 0.4$ angenommen. Die Werte $x_i$ werden aus der beobachteten Stichprobe genommen und fixiert. Dann werden 1000 Stichproben $(y_1, \ldots, y_n)$ generiert und mit jeder Stichprobe Schätzwerte $\hat{\alpha}$ und $\hat{\beta}$ berechnet. Abb. 8.3 zeigt die Verteilung der $\hat{\beta}$-Werte als ein Histogramm; außerdem eine Dichtefunktion $\phi(\beta; \mu, \sigma)$, wobei $\mu = 0.4005$ der Mittelwert der $\hat{\beta}$-Werte und $\sigma = 0.0232$ ihre Standardabweichung ist.

Praktisch steht nur die beobachtete Stichprobe zur Verfügung, um die Varianz der theoretisch postulierten Schätzfunktion zu schätzen. Dafür werden Ableitungen der Loglikelihoodfunktion verwendet. Auf die ziemlich komplizierten Überlegungen soll hier nicht näher eingegangen werden.[5] Es genügt hier, dass die ML-Schätzung eines Parameters nicht nur einen Schätzwert für den Parameter liefert, sondern auch einen Schätzwert für die Varianz der Schätzfunktion für den Parameter. Die Quadratwurzel dieser geschätzten Varianz wird als Standardfehler der Parameterschätzfunktion bezeichnet. Zum Beispiel liefert die ML-Schätzung für das in Abschnitt 8.2.2 behandelte Regressionsmodell:

| Schätzwert | Standardfehler | Quotient |
|---|---|---|
| $\hat{\alpha} = 0.3065$ | $\hat{\sigma}(\hat{\alpha}) = 0.0112$ | $\hat{\alpha}/\hat{\sigma}(\hat{\alpha}) = 27.37$ |
| $\hat{\beta} = 0.4690$ | $\hat{\sigma}(\hat{\beta}) = 0.0214$ | $\hat{\beta}/\hat{\sigma}(\hat{\beta}) = 21.92$ |

(8.13)

Da Schätzfunktionen bei großem Stichprobenumfang näherungsweise einer Normalverteilung folgen, kann man annehmen, dass die Quotienten in der dritten Spalte Realisationen einer Normalverteilung mit der Varianz 1 sind. Mit dieser Annahme wird oft geprüft, ob sich ein Schätzwert signifikant von 0 unterscheidet. Verwendet man eine Sicherheitswahrscheinlichkeit $\alpha = 0.05$, ist dies dann der Fall, wenn der Quotient (der in diesem Zusammenhang auch als eine Teststatistik bezeichnet wird) größer als 1.96 oder kleiner als -1.96 ist.

Statistikprogramme liefern auch sog. p-Werte, die – wenn eine Normalverteilung verwendet wird – durch

$$\text{p-Wert} = 1 - \left(2\,\Phi\left(\left|\frac{\text{Schätzwert}}{\text{Std.fehler}}\right|\right) - 1\right) \quad (8.14)$$

definiert sind. Ein Schätzwert unterscheidet sich dann signifikant von 0, wenn sein p-Wert kleiner als die Sicherheitswahrscheinlichkeit ist. Zum Beispiel sind die p-Werte für $\hat{\alpha}$ und $\hat{\beta}$ nahezu 0. Anders verhält es sich in dem Modell (8.8), das in Abschnitt 8.2.5 besprochen wurde. Der Parameter $\gamma$ für die Variable $F$ hatte dort den Schätzwert $\hat{\gamma} = -0.0104$; der Standardfehler ist $\hat{\sigma}(\hat{\gamma}) = 0.020$, so dass man einen p-Wert = 0.61 erhält.

---

[5] Ausführungen darüber findet man beispielsweise bei Behr/Pötter (2011), S. 168 ff.

## 8.4 Aufgaben

1. Berechnen Sie Werte der Logitfunktion (8.6) mit den Parametern $\alpha = 0$ und $\beta = 1$ für die Stellen $\{-3, -2, -1, 0, 1, 2, 3\}$ und skizzieren Sie die Funktion.

2. Zeigen Sie, dass die in Abschnitt 8.2.2 mit einer linearen und einer Logit-Regressionsfunktion geschätzten Parameter die gleichen bedingten Wahrscheinlichkeiten liefern.

3. Die Schätzung des Modells (8.9) liefert folgende Standardfehler: $\hat{\sigma}_{\hat{\alpha}} = 1.709, \hat{\sigma}_{\hat{\beta}} = 0.087, \hat{\sigma}_{\hat{\gamma}} = 2.326, \hat{\sigma}_{\hat{\delta}} = 0.118$. Berechnen Sie die p-Werte und beurteilen Sie die Signifikanz.

## 8.5 R-Code

Beispiel: Schulabschluss Abitur (siehe Abschnitt 8.2.2):

```r
# Daten einlesen
# Schulabschluss Abitur aus Allbus 2016
d <- read.table("istat3.df")
# n = 2221 Personen, Tabelle hat 343 Zeilen
# V1 -> y  = Y (1 = Abitur)
# V2       = L (0 alte, 1 neue Bundeslaender)
# V3 -> f  = F Geschlecht (0 M, 1 F)
# V4 -> z  = Geb.Jahr
# V5 -> x  = X (1 wenn Eltern FHS- oder HS-Reife haben)
# V6 -> nj = Anzahl
# Variablen erzeugen
nj <- d$V6
y <- rep(d$V1,nj)
x <- rep(d$V5,nj)
z <- rep(d$V4,nj)
f <- rep(d$V3,nj)
# Gemeinsame Verteilung
table(y,x)
# Bedingte Verteilungen Y/X
prop.table(x = table(y,x), margin = 2)
# Parameter lineare Fkt.
lm(y~x)$coef
# Parameter logistische Fkt.
glm(y ~ x, family = binomial(link = "logit"))$coef
```

Quantitative Regressorvariablen (siehe Abschnitt 8.2.4):

```r
## ML-Schätzung; Optimierung "per Hand"
# Loglikelihood
ll.1 <- function(b) {
  sum( y*log(b[1]+b[2]*z/100)+(1-y)*log(1-(b[1]+b[2]*z/100)) )
}
# Optimierung via optim()
o.1 <- optim(par = c(0.1,0.0001), fn = ll.1,
             control = list("fnscale" = -1),
             hessian = TRUE); o.1
## Alternativ mit glm()
reg.1 <- glm(y ~ I(z/100), family = binomial(link = "identity"))
summary(reg.1)
```

Interaktion zwischen Regressorvariablen (siehe Abschnitt 8.2.5):

```r
# mit Geschlecht
reg.2 <- glm(y ~ I(z/100) + f, family = binomial(link = "identity"))
summary(reg.2)
# mit Interaktion
reg.3 <- glm(y ~ I(z/100) + f + I(z/100*f),
             family = binomial(link = "identity"))
summary(reg.3)
```

# 9
## Polytome abhängige Variablen

*In diesem Kapitel besprechen wir Regressionsmodelle für abhängige Variablen, die mehr als zwei Werte annehmen können. Als Beispiel für eine quantitative abhängige Variable dient die Anzahl von Arztbesuchen, als Beispiel für eine kategoriale Variable dienen unterschiedliche Häufigkeiten der Internetnutzung.*

| | | |
|---|---|---|
| 9.1 | Einleitung | 134 |
| 9.2 | Eine quantitative abhängige Variable | 134 |
| | 9.2.1 Beispiel: Anzahl Arztbesuche | 134 |
| | 9.2.2 Parametrisierung der Erwartungswerte | 137 |
| 9.3 | Eine kategoriale abhängige Variable | 138 |
| | 9.3.1 Beispiel: Internetnutzung | 138 |
| | 9.3.2 Ein multinomiales Logitmodell | 139 |
| | 9.3.3 Vereinfachungen des Modells | 140 |
| | 9.3.4 Referenzkategorie und Standardfehler | 141 |
| | 9.3.5 Quantitative Regressorvariablen | 142 |
| 9.4 | Aufgaben | 144 |
| 9.5 | R-Code | 145 |

## 9.1 Einleitung

Wenn die abhängige Variable in einem Regressionsmodell mehr als zwei mögliche Werte hat, ist zu unterscheiden, ob es sich um eine quantitative oder um eine kategoriale Variable handelt. Als ein Beispiel für eine quantitative abhängige Variable verwenden wir die Anzahl von Arztbesuchen, die bereits in Abschnitt 7.2 zur Illustration diente. Dort wurde auch besprochen, dass die Repräsentation durch eine geometrische Verteilung problematisch ist. Trotzdem beginnen wir zunächst mit diesem Verteilungsmodell, um den theoretischen Ansatz eines probabilistischen Regressionsmodells zu verdeutlichen. Dann besprechen wir, wie man auch vereinfachende Modelle verwenden kann, die sich nur auf bedingte Erwartungswerte beziehen.

Diese Möglichkeit entfällt bei kategorialen abhängigen Variablen, bei denen es für einen Erwartungswert keine sinnvolle Interpretation gibt. Andererseits gibt es meistens auch keine theoretische Verteilung, die nur von wenigen Parametern abhängt. Als Vorgehensweise zur Entwicklung eines Regressionsmodells ist es deshalb sinnvoll, von einem saturierten Modell auszugehen und dann sukzessive Zusammenhänge mit Regressorvariablen zu untersuchen. Wir verwenden zur Illustration dieser Vorgehensweise Angaben über die Nutzung des Internets.

## 9.2 Eine quantitative abhängige Variable

### 9.2.1 Beispiel: Anzahl Arztbesuche

Die abhängige Variable $Y$ bezieht sich auf die Anzahl der Arztbesuche in den letzten 3 Monaten, die bereits in Abschnitt 7.2.1 besprochen wurde. Wie dort verwenden wir nur die Daten über die neuen Bundesländer ($n = 1104$).[1] Zu überlegen ist, wie ein theoretisches Modell für bedingte Verteilungen

$$\Pr(Y = y \mid X = x) \qquad (9.1)$$

konzipiert werden kann. Man kann mit einer geometrischen Verteilung

---
[1] Die folgenden Berechnungen beruhen wiederum auf der Tabelle `istat1.df`.

## 9.2 Eine quantitative abhängige Variable

$$\Pr(Y = y) = \delta\,(1 - \delta)^y \qquad (9.2)$$

beginnen und dann den Parameter $\delta$ mit einer Funktion

$$\delta = g(x; \alpha, \beta, \ldots) \qquad (9.3)$$

von Werten der Regressorvariablen abhängig machen; dann entsteht das Regressionsmodell

$$\Pr(Y = y \mid X = x) = g(x; \alpha, \beta, \ldots)\,(1 - g(x; \alpha, \beta, \ldots))^y. \qquad (9.4)$$

Es zeigt, wie die unterstellte theoretische Verteilung von $Y$ von Werten der Regressorvariablen abhängt.

Zur Illustration verwenden wir als Regressorvariable das Alter der Personen. Abb. 9.1 zeigt, wie die durchschnittliche Anzahl von Arztbesuchen vom Alter abhängt. Wir beginnen mit der Modellspezifikation

$$\delta = \alpha + x\,\beta. \qquad (9.5)$$

Die Likelihoodfunktion hat dann die Form

$$\mathcal{L}(\alpha, \beta) = \prod_{i=1}^{n} (\alpha + x_i \beta)\,(1 - \alpha - x_i \beta)^{y_i},$$

und die Loglikelihoodfunktion hat die Form

$$\ell(\alpha, \beta) = \sum_{i=1}^{n} \log\,(\alpha + x_i \beta) + y_i \log(1 - \alpha - x_i \beta).$$

Als Schätzergebnisse erhält man:

| Schätzwert | Standardfehler | Quotient |
|---|---|---|
| $\hat\alpha = \phantom{-}0.4745$ | $\hat\sigma(\hat\alpha) = 0.0269$ | $\hat\alpha/\hat\sigma(\hat\alpha) = 17.62$ |
| $\hat\beta = -0.0028$ | $\hat\sigma(\hat\beta) = 0.0005$ | $\hat\beta/\hat\sigma(\hat\beta) = -6.12$ |

(9.6)

Da der Erwartungswert von $Y$ durch $1/\delta - 1$ gegeben wird, erhält man für die bedingten Erwartungswerte

$$E(Y \mid X = x) = \frac{1}{\alpha + x\,\beta} - 1. \qquad (9.7)$$

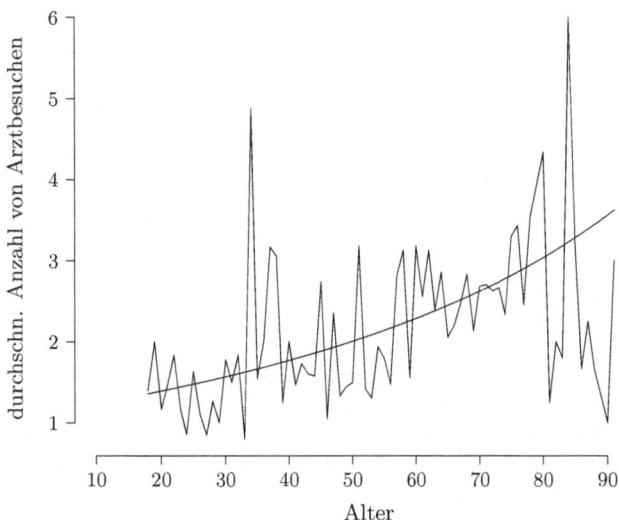

**Abb. 9.1:** Abhängigkeit der durchschnittlichen Anzahl der Arztbesuche vom Alter.

Setzt man die Schätzwerte für $\alpha$ und $\beta$ ein, erhält man die in der Abb. 9.1 eingezeichnete Kurve.

Als eine weitere Regressorvariable verwenden wir $F$ mit den Werten 0 für Männer, 1 für Frauen. Mit dem erweiterten Modellansatz

$$\delta = \alpha + x\,\beta + f\,\gamma \qquad (9.8)$$

erhält man folgende Schätzwerte:

| Schätzwert | Standardfehler | Quotient |
|---|---|---|
| $\hat{\alpha} = 0.5165$ | $\hat{\sigma}(\hat{\alpha}) = 0.0283$ | $\hat{\alpha}/\hat{\sigma}(\hat{\alpha}) = 18.24$ |
| $\hat{\beta} = -0.0028$ | $\hat{\sigma}(\hat{\beta}) = 0.0005$ | $\hat{\beta}/\hat{\sigma}(\hat{\beta}) = -6.15$ |
| $\hat{\gamma} = -0.0750$ | $\hat{\sigma}(\hat{\gamma}) = 0.0160$ | $\hat{\gamma}/\hat{\sigma}(\hat{\gamma}) = -4.70$ |

(9.9)

Alle Schätzwerte sind nach den in Abschnitt 8.3 besprochenen Überlegungen signifikant. Analog zu (9.7) kann man wieder ausrechnen, wie die bedingten Erwartungswerte vom Alter und vom Geschlecht abhängen (Aufgabe 1).

## 9.2 Eine quantitative abhängige Variable

Wie in Abschnitt 8.2.5 kann man mögliche Interaktionen zwischen dem Alter und dem Geschlecht untersuchen. In diesem Fall zeigt sich, dass es keine signifikante Interaktion gibt.

### 9.2.2 Parametrisierung der Erwartungswerte

Anstatt den Verteilungsparameter $\delta$ von Regressorvariablen abhängig zu machen, kann man sich direkt auf die bedingten Erwartungswerte beziehen. Der Modellansatz ist dann gegeben als

$$\mathrm{E}(Y \mid X = x) = g(x; \alpha, \beta, \cdots). \tag{9.10}$$

Für $\delta$ erhält man die alternative Parametrisierung

$$\delta = \bigl(g(x; \alpha, \beta, \cdots) + 1\bigr)^{-1}. \tag{9.11}$$

Zur Illustration verwenden wir

$$\mathrm{E}(Y \mid X = x) = \alpha + x\,\beta. \tag{9.12}$$

Die Likelihoodfunktion hat dann die Form

$$\mathcal{L}(\theta) = \prod_{i=1}^{n} \frac{1}{\alpha + x_i\beta + 1} \left(1 - \frac{1}{\alpha + x_i\beta + 1}\right)^{y_i}$$

und die Loglikelihoodfunktion hat die Form

$$\log(\mathcal{L}(\theta)) = \sum_{i=1}^{n} \log\left(\frac{1}{\alpha + x\beta + 1}\right) + y_i \log\left(1 - \frac{1}{\alpha + x\beta + 1}\right).$$

Dann erhält man die Schätzwerte

| Schätzwert | Standardfehler | Quotient |
|---|---|---|
| $\hat{\alpha} = 0.7331$ | $\hat{\sigma}(\hat{\alpha}) = 0.2046$ | $\hat{\alpha}/\hat{\sigma}(\hat{\alpha}) = 3.58$ |
| $\hat{\beta} = 0.0268$ | $\hat{\sigma}(\hat{\beta}) = 0.0043$ | $\hat{\beta}/\hat{\sigma}(\hat{\beta}) = 6.29$ |

(9.13)

Diese Schätzwerte unterscheiden sich von den in Tabelle (9.6) angegebenen Werten. Aber es ist zu beachten, dass sich auch die Schätzwerte für die bedingten Erwartungswerte unterscheiden (Aufgabe 2).

## 9.3 Eine kategoriale abhängige Variable

### 9.3.1 Beispiel: Internetnutzung

Als Beispiel verwenden wir Informationen über die Häufigkeit der Internetnutzung, wiederum aus dem ALLBUS 2016.[2] Die abhängige Variable $Y$ hat $m = 4$ Ausprägungen, die sich auf die Nutzung des Internets beziehen

$$Y = \begin{cases} 1 & \text{'mehrmals täglich'}, \\ 2 & \text{'ca. 1 Mal pro Tag'}, \\ 3 & \text{'mehrmals pro Woche'}, \\ 4 & \text{'1 Mal pro Woche' oder 'selten' oder 'nie'}. \end{cases} \quad (9.14)$$

Wir beschränken uns auf Personen im Alter von 18 bis 80 Jahren. Dann gibt es folgende Antworthäufigkeiten:

|  | $Y=1$ | $Y=2$ | $Y=3$ | $Y=4$ | Summe |
|---|---|---|---|---|---|
| alte Bundesländer | 1219 | 385 | 197 | 429 | 2230 |
| neue Bundesländer | 482 | 183 | 142 | 298 | 1105 |

(9.15)

Der allgemeine Ansatz für ein Regressionsmodell ist wie bisher

$$\Pr(Y = j \mid X = x), \quad (9.16)$$

um zu untersuchen, wie die Häufigkeit der Internetnutzung von Regressorvariablen abhängt. Weil $Y$ jedoch weder eine binäre noch eine metrische quantitative Variable ist, gibt es keine theoretische Verteilung mit nur wenigen Parametern. Vielmehr muss davon ausgegangen werden, dass es für jede Ausprägung der Regressorvariablen und für jede Kategorie der abhängigen Variablen eine unterschiedliche Wahrscheinlichkeit geben kann. D.h. man sollte mit einem saturierten Modell anfangen, um danach zu untersuchen, ob es sich vereinfachen lässt.

Um die Vorgehensweise zu illustrieren, verwenden wir zunächst nur zwei binäre Regressorvariablen: Eine Variable $L$ mit den Ausprägungen 0 (alte Bundesländer) und 1 (neue Bundesländer),[3] und

---

[2] Wir verwenden das Datenfile ZA5251_v1-1-0.sav und daraus die Variablen XR19 und XR20. Die folgenden Berechnungen beruhen auf der Tabelle istat2.df.

[3] Die Aufnahme dieser Variablen erlaubt es, bei der Schätzung probabilistischer Regressionsmodelle auf Stichprobengewichte zu verzichten.

## 9.3 Eine kategoriale abhängige Variable

eine Variable $F$ mit den Ausprägungen 0 (Männer) und 1 (Frauen). Der Modellansatz ist

$$\Pr(Y = j \mid L = l, F = f). \qquad (9.17)$$

Insgesamt sind also $2 \cdot 2 \cdot 4 = 16$ unterschiedliche Wahrscheinlichkeiten zu betrachten. Allerdings gilt für alle möglichen Werte der Regressorvariablen

$$\sum_{j=1}^{m} \Pr(Y = j \mid L = l, F = f) = 1. \qquad (9.18)$$

Deshalb benötigt man für ein saturiertes Modell nur $2 \cdot 2 \cdot 3 = 12$ Parameter.

### 9.3.2 Ein multinomiales Logitmodell

Ein Logitmodell für eine binäre abhängige Variable wurde bereits in Abschnitt 8.2.1 dargestellt. Ein multinomiales Logitmodell ist eine Verallgemeinerung für eine kategoriale Variable mit $m \geq 2$ Ausprägungen. Für $m = 2$ resultiert das einfache Logitmodell. Wegen (9.18) muss eine Kategorie als Referenzkategorie gewählt werden; wir verwenden $Y = 1$. Dann sieht das Modell für unser Beispiel so aus:

$$\Pr(Y = j \mid L = l, F = f)$$
$$= \frac{\exp(\alpha_j + l\,\beta_j + f\,\gamma_j + l\,f\,\delta_j)}{1 + \sum_{k=2}^{m} \exp(\alpha_k + l\,\beta_k + f\,\gamma_k + l\,f\,\delta_k)}, \qquad (9.19)$$

für $j = 2, 3, 4$. Mit den 12 Parametern des Modells können alle 16 Wahrscheinlichkeiten ausgedrückt werden (Aufgabe 3). Wenn Daten $(y_i, l_i, f_i)$ für $i = 1, \ldots, n$ gegeben sind, kann das Modell mit der ML-Methode geschätzt werden. Die Likelihoodfunktion ist

$$\mathcal{L}(\theta) = \prod_{i=1}^{n} \prod_{j=1}^{m} \frac{\exp(\alpha_j + l_i\,\beta_j + f_i\,\gamma_j + l_i\,f_i\,\delta_j)^{d_{ij}}}{1 + \sum_{k=2}^{m} \exp(\alpha_k + l_i\,\beta_k + f_i\,\gamma_k + l_i\,f_i\,\delta_k)}, \qquad (9.20)$$

wobei $\theta$ der Vektor der Modellparameter und $d_{ij}$ ein 0-1-Indikator ist, der den Wert 1 annimmt, wenn $y_i = j$ ist. Man erhält folgende

Schätzwerte (Standardfehler in Klammern):

| $j$ | $\hat{\alpha}_j$ | $\hat{\beta}_j$ | $\hat{\gamma}_j$ | $\hat{\delta}_j$ |
|---|---|---|---|---|
| 2 | −1.258(0.083) | 0.182(0.148) | 0.214(0.117) | 0.010(0.210) |
| 3 | −2.109(0.119) | 0.796(0.179) | 0.538(0.156) | −0.346(0.247) |
| 4 | −1.200(0.082) | 0.693(0.129) | 0.309(0.113) | −0.252(0.186) |

(9.21)

Da es sich um ein saturiertes Modell handelt, entsprechen die mit diesen Parametern berechenbaren bedingten Wahrscheinlichkeiten den beobachteten bedingten Häufigkeiten (Aufgabe 4).

### 9.3.3 Vereinfachungen des Modells

Ausgehend von einem saturierten Modell kann untersucht werden, wie sich das Modell vereinfachen lässt, indem man Parameter weglässt (= Null setzt) oder zwei oder mehr Parameter gleichsetzt. Man spricht allgemein von Constraints. Mit Hilfe eines LR-Tests kann man dann das Modell mit den Constraints mit dem saturierten Modell vergleichen, indem man aus den beiden Loglikelihood-Werten die in (4.11) definierte Teststatistik $D$ berechnet. Dieser Wert kann mit dem kritischen Wert einer $\chi^2$-Verteilung mit $n_c$ Freiheitsgraden verglichen werden, wobei $n_c$ die Anzahl der Constraints ist. Die folgende Tabelle illustriert das Vorgehen.

| | Constraints | LogL | $D$ | $n_c$ | $\chi^2$ |
|---|---|---|---|---|---|
| M1 | keine | −3998.79 | | | |
| M2 | $\delta_2 = \delta_3 = \delta_4 = 0$ | −4000.53 | 3.48 | 3 | 7.82 |
| M3 | zusätzl.: $\gamma_2 = \gamma_3 = \gamma_4$ | −4001.67 | 5.76 | 5 | 11.07 |
| M4 | zusätzl.: $\beta_3 = \beta_4$ | −4001.71 | 5.84 | 6 | 12.59 |
| M5 | zusätzl.: $\beta_2 = \beta_3 = \beta_4$ | −4008.22 | 18.86 | 7 | 14.07 |

(9.22)

Die Spalte $\chi^2$ zeigt den kritischen Wert einer $\chi^2$-Verteilung mit $n_c$ Freiheitsgraden. Man erkennt, dass die Modelle M1 bis M4 mit den Daten vereinbar sind, wenn man sich an die Logik eines LR-Tests hält. Dies Ergebnis wird auch durch einen Vergleich der beobachteten bedingten Häufigkeiten (Modell M1) mit den durch das Modell M4 geschätzten Wahrscheinlichkeiten bestätigt, wie die folgende Tabelle zeigt:

|   |   | Modell M1 | | | | Modell M4 | | | |
| L | F | $j=1$ | $j=2$ | $j=3$ | $j=4$ | $j=1$ | $j=2$ | $j=3$ | $j=4$ |
|---|---|---|---|---|---|---|---|---|---|
| 0 | 0 | 0.59 | 0.17 | 0.07 | 0.18 | 0.58 | 0.16 | 0.08 | 0.18 |
| 0 | 1 | 0.51 | 0.18 | 0.11 | 0.21 | 0.51 | 0.18 | 0.10 | 0.20 |
| 1 | 0 | 0.45 | 0.15 | 0.12 | 0.27 | 0.47 | 0.16 | 0.12 | 0.26 |
| 1 | 1 | 0.42 | 0.18 | 0.14 | 0.27 | 0.40 | 0.18 | 0.13 | 0.29 |

Der LR-Test kann hier angewendet werden, weil wir uns auf ein probabilistisches Regressionsmodell beziehen. Geprüft wird, ob die Daten mit den bedingten Verteilungen von $Y$ vereinbar sind, wobei Werte der Regressorvariablen als gegeben angenommen werden.

### 9.3.4 Referenzkategorie und Standardfehler

Wenn die übliche Parametrisierung des multinomialen Logitmodells verwendet wird, muss eine Referenzkategorie der abhängigen Variablen festgelegt werden; wir haben dafür bisher die Kategorie $Y = 1$ verwendet. Wenn eine andere Referenzkategorie gewählt wird, verändern sich die Schätzwerte für die Parameter. Man erhält jedoch die gleichen geschätzten Wahrscheinlichkeiten, und auch die Loglikelihood (die z.B. für LR-Tests benötigt wird) hängt nicht von der Wahl der Referenzkategorie ab.

Wohl aber hängen die Standardfehler der Parameter und die Quotienten (Parameterschätzwert dividiert durch den Standardfehler) von der Wahl der Referenzkategorie ab. Um das zu illustrieren, zeigt die folgende Tabelle in der oberen Hälfte die Schätzergebnisse für das Modell M2 mit der Referenzkategorie $Y = 1$, in der unteren Hälfte mit der Referenzkategorie $Y = 2$.

| $j$ | $\hat{\alpha}_j$ | $\hat{\beta}_j$ | $\hat{\gamma}_j$ | |
|---|---|---|---|---|
| 2 | $-1.264\,(0.077)$ | $0.193\,(0.105)$ | $0.222\,(0.097)$ | |
| 3 | $-2.034\,(0.102)$ | $0.616\,(0.123)$ | $0.404\,(0.120)$ | |
| 4 | $-1.154\,(0.073)$ | $0.572\,(0.093)$ | $0.218\,(0.089)$ | (9.23) |
| 1 | $1.264\,(0.077)$ | $-0.193\,(0.105)$ | $-0.222\,(0.097)$ | |
| 3 | $-0.771\,(0.117)$ | $0.423\,(0.142)$ | $0.183\,(0.138)$ | |
| 4 | $0.110\,(0.092)$ | $0.379\,(0.117)$ | $-0.003\,(0.112)$ | |

Man betrachte z.B. den Parameter $\gamma_4$. Würde man sich an den ausgewiesenen Standardfehlern orientieren, würde man zu vollständig

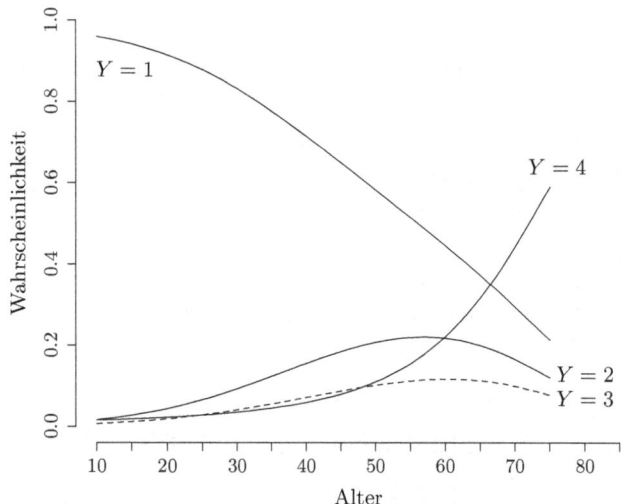

**Abb. 9.2:** Abhängigkeit der Internetnutzung vom Alter bei Männern in den alten Bundesländern; geschätzt mit dem Modell (9.24).

unterschiedlichen Annahmen über die Signifikanz verleitet. Um Modellschätzungen zu beurteilen, sind deshalb LR-Tests besser geeignet.

### 9.3.5 Quantitative Regressorvariablen

Man kann vermuten, dass die Internetnutzung auch vom Alter abhängt. Wir verwenden eine Variable $Z$, die als Alter (dividiert durch 10) definiert ist. Zu überlegen ist, wie diese Variable in das Modell einbezogen werden sollte. Eine Möglichkeit ist, Altersgruppen zu bilden, auf die man durch Indikatorvariablen Bezug nehmen kann. Dann wird aber die Anzahl der Modellparameter sehr groß. Als Alternative kann man einfache parametrische Funktionen verwenden.

Zur Illustration betrachten wir ausgehend vom Modell M3 folgende Modellspezifikation:

$$\Pr(Y = j \mid L = l, F = f, Z = z)$$
$$= \frac{\exp(\alpha_j + l\,\beta_j + f\,\gamma_j + z\,\beta_{j,z} + z^2\,\beta_{j,z^2})}{1 + \sum_{k=2}^{m} \exp(\alpha_k + l\,\beta_k + f\,\gamma_k + z\,\beta_{k,z} + z^2\,\beta_{k,z^2})}. \quad (9.24)$$

Man kann mit einem LR-Test zeigen, dass ein kubischer Term nicht erforderlich ist. Andererseits kann man den quadratischen Term nicht weglassen (Aufgabe 5). Abb. 9.2 zeigt exemplarisch für Männer in den alten Bundesländern, wie (wenn man dieses Modell zugrunde legt) die Internetnutzung vom Alter abhängt.

## 9.4 Aufgaben

1. Berechnen Sie für Personen im Alter von 20, 40, 60 und 80 Jahren aus den Angaben in (9.9) Schätzungen der bedingten Erwartungswerte $E(Y \mid X = x, F = 0)$ und $E(Y \mid X = x, F = 1)$. Skizzieren Sie die beiden Funktionen in einer Abbildung.

2. Gehen Sie von den Modellspezifikationen (9.5) und (9.11) aus und vergleichen Sie die geschätzten bedingten Erwartungswerte (9.7) und (9.12) für Personen im Alter von 30 und von 70 Jahren.

3. Zeigen Sie, wie man mit dem Modell (9.19) die Wahrscheinlichkeit $\Pr(Y = 1 \mid L = 0, F = 1)$ berechnen kann, wenn Parameterwerte gegeben sind.

4. Es gibt in unserem Datensatz für die Internetnutzung 1111 Männer in den alten Bundesländern; 79 von ihnen haben $Y = 3$ angegeben. Berechnen Sie aus den Angaben in Tabelle (9.21) die Wahrscheinlichkeit $\Pr(Y = 3 \mid L = 0, F = 0)$ und verwenden Sie zum Vergleich die beobachtete relative Häufigkeit.

5. Die Loglikelihood für das Modell (9.24) beträgt -3503.81, wenn man die quadratischen Terme weglässt beträgt sie -3526.63. Zeigen Sie mit einem LR-Test, dass die Daten gegen ein Weglassen der quadratischen Terme sprechen.

## 9.5 R-Code

Beispiel: Internetnutzung (siehe Abschnitt 9.3.1):

```
# Daten einlesen
# Häufigkeit Internuzung Allbus 2016
d <- read.table("istat2.df")
# n = 3335, Tabelle hat 774 Zeilen
# V1 -> y = Y Häufigkeit Internutzung
# V2 -> l = L
# V3 -> f = F
# V4 -> z = Alter
# V5    = Anzahl

# Variablen erzeugen
nj <- d$V5
y <- rep(d$V1,nj)
z <- rep(d$V4,nj)/10
l <- rep(d$V2,nj)
f <- rep(d$V3,nj)
d <- data.frame(y, z, l, f)

# Gemeinsame Verteilung
tab1 <- addmargins(A = table(l, y), margin = 2)
tab1
```

Multinomiales Logitmodell (siehe Abschnitt 9.3.2):

```
library(nnet)
# Modell 1 (M1)
m1 <- multinom(y ~ l + f + I(l*f), data = d, trace = FALSE)
summary(m1)
```

Referenzkategorie und Standardfehler (siehe Abschnitt 9.3.4):

```
# Modell 2 (M2) - Referenzkategorie 1
m2 <- multinom(y ~ l + f, data = d, trace = FALSE)
summary(m2)

# Modell 2 (M2) - Referenzkategorie 2
# Vertauschung der y-Werte, da Kategorie 1 standardmäßig Referenz ist
d2 <- d
d2$y[d$y==1] <- 5
d2$y[d$y==2] <- 1
d2$y[d$y==1] <- 2
m2.ref2 <- multinom(y ~ l + f, data = d2, trace = FALSE)
summary(m2.ref2)
```

# 10
# Regression mit Dichtefunktionen

*Wenn eine quantitative abhängige Variable sehr viele unterschiedliche Werte annehmen kann, ist es oft nützlich, für ihre Wahrscheinlichkeitsverteilung eine Dichtefunktion anzunehmen. Ein Regressionsmodell besteht dann darin, die Parameter der Dichtefunktion von bedingenden Variablen abhängig zu machen. Als Beispiele betrachten wir die Modellierung klassierter Einkommen und des Heiratsalters.*

10.1 Einleitung . . . . . . . . . . . . . . . . . . . . . . . . 148
10.2 Gruppierte Einkommensdaten . . . . . . . . . . . . . . 148
    10.2.1 Modellspezifikation und ML-Schätzung . . . . . . . 148
    10.2.2 Bedingte Erwartungswerte . . . . . . . . . . . . . . 151
10.3 Zeitdauern bis zu Ereignissen . . . . . . . . . . . . . . 153
    10.3.1 Beispiel: Heiratsalter . . . . . . . . . . . . . . . 153
    10.3.2 Ein Modell für Heiratsraten . . . . . . . . . . . . 154
    10.3.3 ML-Schätzung der Parameter . . . . . . . . . . . 157
    10.3.4 Verknüpfung mit Regressorvariablen . . . . . . . . 158
10.4 Aufgaben . . . . . . . . . . . . . . . . . . . . . . . . 162
10.5 R-Code . . . . . . . . . . . . . . . . . . . . . . . . . 163

## 10.1 Einleitung

Wenn es bei einer quantitativen abhängigen Variablen sehr viele mögliche Werte gibt (wie z.b. bei individuellen Einkommen oder bei Zeitdauern, die in kleinen Einheiten erfasst werden), werden zur Modellierung oft Dichtefunktionen verwendet. Wenn individuelle Werte der Variablen verfügbar sind, kann man ein Modell für bedingte Erwartungswerte mit der Methode der kleinsten Quadrate schätzen. Eine Alternative besteht darin, von theoretischen Verteilungsmodellen auszugehen, die durch eine parametrische Dichtefunktion definiert sind. Dann kann man Regressionsmodelle dadurch entwickeln, dass man die Parameter des Verteilungsmodells von Regressorvariablen abhängig macht.

Dieser Ansatz hat Vor- und Nachteile. Ein Nachteil besteht darin, dass man eine theoretische Verteilung benötigt, die für die Daten möglicherweise nicht angemessen ist. Aber Vorteile bestehen nicht nur darin, dass man dann die gesamte Verteilung (einschließlich z.B. ihrer Varianz) modellieren kann. Vor allem ist es dann möglich, Regressionsmodelle mit gruppierten oder unvollständigen Daten zu schätzen. Wir besprechen das in diesem Kapitel mit zwei Beispielen. Zunächst zeigen wir, wie man Regressionsmodelle für die in Abschnitt 7.3 dargestellten gruppierten Einkommensdaten entwickeln kann. Dann beschäftigen wir uns mit Zeitdauern bis zum Eintreten von Ereignissen und verwenden – als ein einfaches Beispiel – das Alter bei der ersten Heirat.

## 10.2 Gruppierte Einkommensdaten

In diesem Abschnitt verwenden wir erneut die Einkommensdaten aus dem ALLBUS 2016, die bereits in Abschnitt 7.3 besprochen wurden.[1] Anders als dort werden jetzt Daten sowohl für die alten als auch für die neuen Bundesländer einbezogen, um Vergleiche anstellen zu können.

### 10.2.1 Modellspezifikation und ML-Schätzung

Als theoretisches Modell für die abhängige Variable, die wir jetzt $Y$ nennen, wird eine Lognormalverteilung verwendet (vgl. Ab-

---

[1] Die Berechnungen beruhen wiederum auf der Tabelle istat4.df.

## 10.2 Gruppierte Einkommensdaten

**Tabelle 10.1:** Schätzergebnisse der Modelle M1, M2, M3, M4.

|            | M1              | M2              | M3              | M4              |
|------------|-----------------|-----------------|-----------------|-----------------|
| $\hat{\alpha}$   | 7.265 (0.015)   | 7.472 (0.019)   | 7.519 (0.020)   | 7.311 (0.026)   |
| $\hat{\beta}$    | -0.162 (0.026)  | -0.166 (0.025)  | -0.302 (0.034)  | -0.310 (0.034)  |
| $\hat{\beta}_2$  |                 |                 |                 | 0.194 (0.030)   |
| $\hat{\beta}_3$  |                 |                 |                 | 0.402 (0.029)   |
| $\hat{\gamma}$   |                 | -0.422 (0.024)  | -0.518 (0.029)  | -0.531 (0.028)  |
| $\hat{\delta}$   |                 |                 | 0.282 (0.050)   | 0.289 (0.048)   |
| $\hat{\sigma}^*$ | -0.378 (0.013)  | -0.428 (0.013)  | -0.433 (0.013)  | -0.472 (0.013)  |
| LogL       | -9020.45        | -8868.27        | -8852.16        | -8684.38        |

schnitt 7.3). Ihre Verteilungsfunktion hat zwei Parameter, $\mu$ und $\sigma$. Beide Parameter können von Regressorvariablen abhängig gemacht werden. Wir beginnen mit einem einfachen Modell,

$$\text{M1} \quad \mu = \alpha + l\,\beta,$$

bei dem nur $\mu$ von der Variablen $L$ (0 = alte, 1 = neue Bundesländer) abhängig gemacht wird. Außerdem wird $\sigma = \exp(\sigma^*)$ spezifiziert, um zu garantieren, dass man für $\sigma$ nur positive Werte erhält.

Die ML-Schätzung erfolgt so, wie in Abschnitt 7.3 bereits beschrieben wurde. Da wir uns jetzt auf unterschiedliche Werte der Regressorvariablen beziehen müssen, ist es jedoch zweckmäßig, die Likelihoodfunktion in folgender Weise zu schreiben:

$$\mathcal{L}(\alpha,\beta,\sigma^*) = \prod_{i=1}^{n} \prod_{j=1}^{m} \left[ \Phi\left( \frac{\log(a_j) - (\alpha + l_i\,\beta)}{\exp(\sigma^*)} \right) \right. \\ \left. - \Phi\left( \frac{\log(a_{j-1}) - (\alpha + l_i\,\beta)}{\exp(\sigma^*)} \right) \right]^{d_{ij}}. \quad (10.1)$$

Wie in Abschnitt 7.3 bezeichnen $a_{j-1}$ und $a_j$ die Grenzen des $j$-ten Intervalls; $m = 21$ ist die Anzahl der Intervalle; die Anzahl der Personen ist jetzt $n = 3078$. Außerdem ist $d_{ij}$ ein Indikator, der den Wert 1 hat, wenn der Einkommenswert der $i$-ten Person ins $j$-te Intervall fällt. Aus der Maximierung dieser Loglikehoodfunktion gewinnt man die ML-Schätzwerte in Tabelle 10.1 (Standardfehler in Klammern).

Bevor wir die Ergebnisse illustrieren, betrachten wir zwei weitere Modelle. Ein Modell, das auch noch die Regressorvariable $F$ für

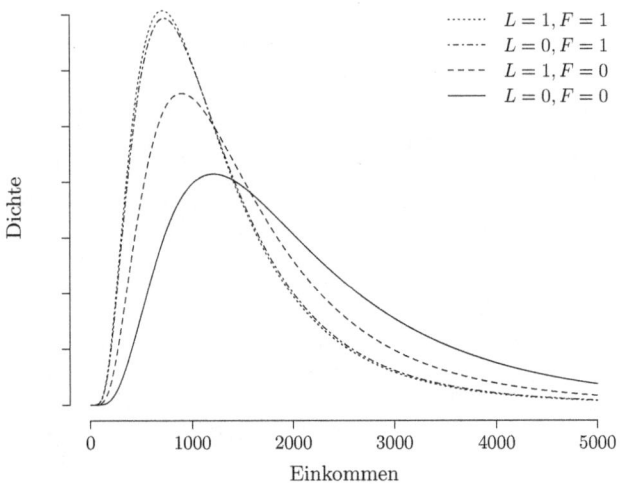

**Abb. 10.1:** Mit dem Modell M3 geschätzte Dichtefunktionen.

das Geschlecht (0 Männer, 1 Frauen) enthält:

$$\text{M2} \quad \mu = \alpha + l\,\beta + f\,\gamma$$

und ein Modell, das zusätzlich einen Interaktionsterm enthält:

$$\text{M3} \quad \mu = \alpha + l\,\beta + f\,\gamma + l\,f\,\delta.$$

Wie man mit Hilfe eines LR-Tests zeigen kann, sind in diesem Fall auch die Interaktionen zwischen $L$ und $F$ bedeutsam (Aufgabe 1). Abb. 10.1 zeigt die mit diesem Modell geschätzten Einkommensverteilungen in Form von Dichtefunktionen (Aufgabe 2).

Jetzt nehmen wir noch eine Variable in das Modell auf, die die Schulbildung der Personen erfasst. Wir verwenden die Variable EDUC aus dem ALLBUS-Datensatz und bilden daraus drei binäre Indikatorvariablen:

$S_1 = 1$ wenn 'ohne Abschluss' oder 'Volks- oder Hauptschule'
$S_2 = 1$ wenn 'mittlere Reife'
$S_3 = 1$ wenn 'FHS-' oder 'Hochschulreife'

## 10.2 Gruppierte Einkommensdaten

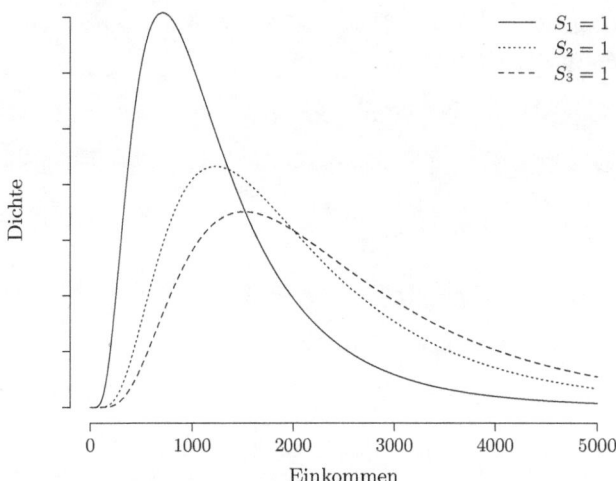

**Abb. 10.2:** Mit dem Modell M4 geschätzte Dichtefunktionen für Männer in den alten Bundesländern.

Wir schließen 20 Personen aus, die nicht in eine dieser drei Kategorien fallen, weil sie keine Angabe gemacht haben oder 'einen anderen' Abschluss angegeben haben oder noch Schüler sind. Die Fallzahl verringert sich dadurch auf 3058. Wir verwenden $S_1$ als Referenz, so dass das neue Modell die Form

M4 $\quad \mu = \alpha + l\,\beta + f\,\gamma + l\,f\,\delta + s_2\,\beta_2 + s_3\,\beta_3$

hat. Abb. 10.2 zeigt, dass sich die Einkommensverteilungen zwischen den Bildungsniveaus erheblich unterscheiden. Zu beachten ist, dass wegen der veränderten Fallzahlen die Loglikelihood-Werte der Modelle M3 und M4 nicht verglichen werden können.

### 10.2.2 Bedingte Erwartungswerte

Die Annahme einer Lognormalverteilung entspricht der Annahme einer Normalverteilung für logarithmierte Einkommen. Hätte man individuelle Einkommensdaten, könnte man sie logarithmieren und dann ein Regressionsmodell mit der Methode der kleinsten Quadrate berechnen. Von Interesse sind jedoch die Durchschnittseinkommen, nicht die durchschnittlichen logarithmierten Einkommen. Die

Umrechnung kann mit der Formel für den Erwartungswert einer Lognormalverteilung

$$E(Y) = \exp(\mu + \frac{\sigma^2}{2}) \qquad (10.2)$$

erfolgen. Zur Illustration berechnen wir bedingte Erwartungswerte mit Modell M4:

$$E(Y \mid L = l, F = f, S_2 = s_2, S_3 = s_3)$$
$$= \exp\left(\alpha + l\,\beta + f\,\gamma + l\,f\,\delta + s_2\,\beta_2 + s_3\,\beta_3 + \frac{\exp(\sigma^*)^2}{2}\right). \qquad (10.3)$$

Die folgende Tabelle zeigt die Werte:

| L | F | $S_1 = 1$ | $S_2 = 1$ | $S_3 = 1$ |
|---|---|---|---|---|
| 0 | 0 | 1817 | 2207 | 2716 |
| 0 | 1 | 1069 | 1298 | 1597 |
| 1 | 0 | 1333 | 1619 | 1992 |
| 1 | 1 | 1046 | 1270 | 1563 |

(10.4)

Man kann vermuten, dass diese Durchschnittseinkommen auch erheblich vom Alter abhängen. Um das zu untersuchen, ergänzen wir Modell M4 durch eine Variable $Z = \text{Alter}/10$. Allerdings muss damit gerechnet werden, dass der Zusammenhang nicht linear ist; deshalb verwenden wir die Spezifikation

$$\text{M5} \quad \mu = \alpha + l\,\beta + f\,\gamma + l\,f\,\delta + s_2\,\beta_2 + s_3\,\beta_3$$
$$+ z\,\beta_z + z^2\,\beta_{2z} + z^3\,\beta_{3z}.$$

Für vier Personen ist das Alter nicht bekannt, so dass sich jetzt die Fallzahl auf 3054 Personen verringert. Wir erhalten folgende Schätzergebnisse (Standardfehler in Klammern):

$$\begin{aligned}
\hat{\alpha} &= 3.207\,(0.218) & \hat{\beta} &= -0.329\,(0.031) \\
\hat{\beta}_2 &= 0.198\,(0.029) & \hat{\beta}_3 &= 0.460\,(0.028) \\
\hat{\beta}_z &= 2.403\,(0.143) & \hat{\beta}_{2z} &= -0.434\,(0.029) \\
\hat{\beta}_{3z} &= 0.025\,(0.002) & \hat{\gamma} &= -0.538\,(0.026) \\
\hat{\delta} &= 0.281\,(0.044) & \hat{\sigma}^* &= -0.544\,(0.013)
\end{aligned} \qquad (10.5)$$

Abb. 10.3 zeigt mit diesen Schätzergebnissen, wie bei Männern und Frauen in den alten Bundesländern die Durchschnittseinkommen vom Alter abhängen.

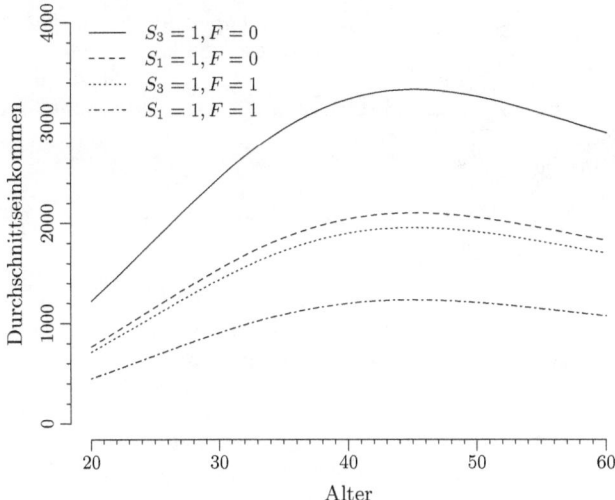

**Abb. 10.3:** Abhängigkeit des mit M5 geschätzten Durchschnittseinkommens vom Alter für Männer und Frauen in den alten Bundesländern.

## 10.3 Zeitdauern bis zu Ereignissen

Oft interessiert man sich dafür, wovon Zeitdauern bis zu Ereignissen abhängen; zum Beispiel: Die Dauer einer Arbeitslosigkeit bis zu einer neuen Beschäftigung, oder die Dauer einer Sozialhilfeepisode bis zu ihrem Ende, oder die Dauer einer Ehe bis zu einer Scheidung oder einer Verwitwung. In diesem Abschnitt betrachten wir als einfaches Beispiel die Zeitdauer vom 15. Lebensjahr bis zur ersten Heirat (oder bis zum Lebensende, wenn bis dahin keine Heirat stattgefunden hat).

### 10.3.1 Beispiel: Heiratsalter

Als Beispiel betrachten wir eine Variable $T^*$, die das Alter bei der ersten Heirat erfasst. Daten entnehmen wir dem ALLBUS 2010, in dem genauere Angaben über Heiraten und Scheidungen zuletzt erhoben wurden.[2] Allerdings haben nicht alle Personen, die befragt wurden, bereits geheiratet. Deshalb müssen wir zwei Variablen betrachten. Zunächst eine binäre Variable $H$, die den Wert 1 hat, wenn eine Person zum Befragungszeitpunkt schon (mindestens) einmal geheirat hat, und andernfalls den Wert 0; sodann die Variable

$$T^* = \begin{cases} \text{wenn } H = 1: \text{ Alter bei der ersten Heirat,} \\ \text{wenn } H = 0: \text{ Alter bei der Befragung.} \end{cases} \quad (10.6)$$

In unserem Datenfile gibt es insgesamt 2290 Personen mit gültigen Informationen; davon 728, die bis zur Befragung nocht nicht geheiratet haben. Das früheste Alter einer Heirat ist 16 Jahre.

Für die Entwicklung eines Regressionsmodells beziehen wir uns auf die Heiratsrate, d.h. die Wahrscheinlichkeit, in einem bestimmten Alter zu heiraten, wenn man nicht schon zuvor geheiratet hat. Dieser Ansatz erlaubt es, die Personen, die bis zum Befragungszeitpunkt noch nicht geheiratet haben, als zensierte Beobachtungen zu behandeln, d.h. als Fälle, die in einem späteren Alter noch heiraten könnten.

Die in den Daten beobachtbare Heiratsrate (eine bedingte Häufigkeit) ist

$$r^*(t) = \mathrm{P}(T^* = t, H = 1 \,|\, T^* \geq t) \quad (t = 16, 17, 18, \ldots). \quad (10.7)$$

Sie ist eine Funktion des Alters $t$. Zum Beispiel gibt es in unserem Datenfile für die alten Bundesländer 919 Personen, die vor dem Alter $t = 25$ noch nicht geheiratet haben; von diesen haben 96 Personen im Alter 25 geheiratet, so dass in diesem Alter die Heiratsrate $96/919 = 0.104$ beträgt. Abb. 10.4 und 10.5 zeigen als gestrichelte Kurven die beobachteten Heiratsraten in den alten und den neuen Bundesländern.

### 10.3.2 Ein Modell für Heiratsraten

Um ein theoretisches Modell zu entwickeln, verwenden wir eine Zufallsvariable $T$, die Zeitdauer vom 15. Lebensjahr bis zu einer möglichen Heirat. Das theoretische Modell bezieht sich also auf

---

[2] Wir verwenden das kumulierte ALLBUS-File ZA4582_v1-1-0.sav. Die Berechnungen beruhen auf der Tabelle istat5.df.

10.3 Zeitdauern bis zu Ereignissen 155

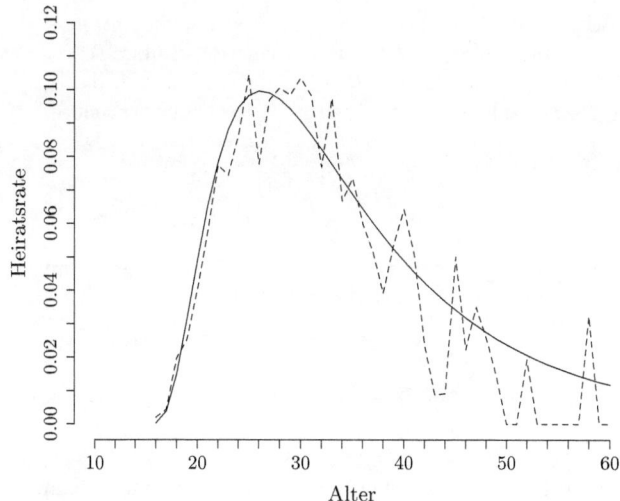

**Abb. 10.4:** Beobachtete und geschätzte Heiratsraten (alte Bundesländer).

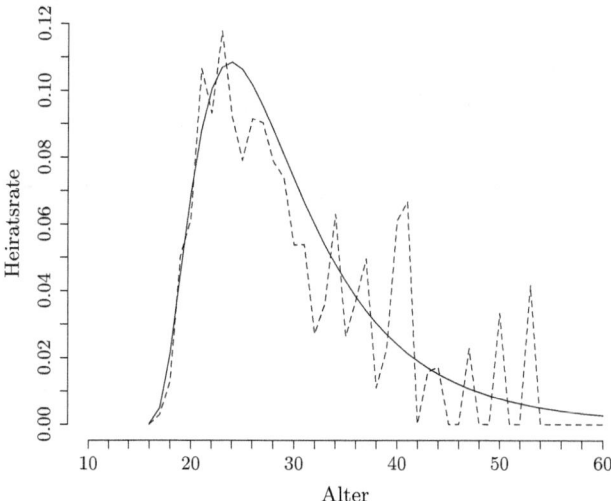

**Abb. 10.5:** Beobachtete und geschätzte Heiratsraten (neue Bundesländer).

eine Heirat, die bis zum Lebensende einer Person eintreten könnte. $T^*$ in Verbindung mit $H$ liefert Informationen über $T$.

Wir fassen $T$ als eine stetige Zufallsvariable auf, die beliebige Werte größer als Null annehmen kann, das entsprechende Heiratsalter ist $T + 15$. Eine theoretische Rate wird durch

$$r(t) = \frac{f(t)}{1 - F(t)} \qquad (10.8)$$

definiert, wobei $f(t)$ die Dichtefunktion, $F(t)$ die Verteilungsfunktion von $T$ bezeichnet. Der Nenner

$$G(t) = 1 - F(t) = \Pr(T > t) \qquad (10.9)$$

wird auch Survivorfunktion genannt. In unserem Beispiel gibt diese Funktion die Wahrscheinlichkeit an, dass bis zum Alter $15 + t$ noch keine Heirat stattgefunden hat. Wenn eine Rate $r(t)$ gegeben ist, kann daraus die Survivorfunktion abgeleitet werden, denn es gilt die Beziehung

$$G(t) = \exp\left(-\int_0^t r(u)\,du\right). \qquad (10.10)$$

Aus der Survivorfunktion kann dann zunächst die Verteilungsfunktion und schließlich die Dichtefunktion abgeleitet werden. Eine Rate $r(t)$ liefert also eine vollständige Beschreibung der Verteilung von $T$.

Für unser Beispiel verwenden wir als theoretische Heiratsrate

$$r(t;\kappa,\mu,\sigma) = \frac{\kappa}{\sigma t}\,\phi\left(\frac{\log(t)-\mu}{\sigma}\right). \qquad (10.11)$$

Dies ist die Dichtefunktion einer Lognormalverteilung, multipliziert mit dem Parameter $\kappa$ (kappa). Wie man sehen wird, liefert dieser Ansatz eine gute Repräsentation der in unseren Daten beobachteten Heiratsrate. Da die Zeitdauer vom 15. Lebensjahr bis zur ersten Heirat modelliert wird, verwenden wir in den Berechnungen die um 15 Jahre verminderten Altersangaben ($T = T^* - 15$).

### 10.3.3 ML-Schätzung der Parameter

Die Parameter $\kappa$, $\mu$ und $\sigma$ können mit der ML-Methode geschätzt werden. Es wird die Likelihoodfunktion

$$\mathcal{L}(\kappa,\mu,\sigma) = \prod_{i=1}^{n} f(t_i;\kappa,\mu,\sigma)^{h_i}\, G(t_i;\kappa,\mu,\sigma)^{1-h_i} \qquad (10.12)$$

verwendet ($t_i$ und $h_i$ sind die beobachteten Werte der Variablen $T^* - 15$ bzw. $H$). Für die zensierten Beobachtungen wird anstelle der Dichtefunktion die Survivorfunktion verwendet. Wegen (10.8) kann die Loglikelihoodfunktion in der Form

$$\ell(\kappa,\mu,\sigma) = \sum_{i=1}^{n} h_i\, \log(r(t_i;\kappa,\mu,\sigma)) + \log(G(t_i;\kappa,\mu,\sigma)) \qquad (10.13)$$

geschrieben werden. Die Rate ist durch (10.11) gegeben. Den Logarithmus der Survivorfunktion kann man mit Hilfe von (10.10) berechnen, indem man

$$\int_0^t r(u;\kappa,\mu,\sigma)\, \mathrm{d}u = \kappa\, \Phi\!\left(\frac{\log(t)-\mu}{\sigma}\right) \qquad (10.14)$$

verwendet ($\Phi$ bezeichnet die Verteilungsfunktion der Standardnormalverteilung). Die Loglikelihoodfunktion für unser Beispiel hat also schließlich die Form

$$\ell(\kappa,\mu,\sigma) = \sum_{i=1}^{n} h_i\, \log\!\left(\frac{\kappa}{\sigma\, t}\, \phi\!\left[\frac{\log(t)-\mu}{\sigma}\right]\right) \\ - \kappa\, \Phi\!\left(\frac{\log(t)-\mu}{\sigma}\right). \qquad (10.15)$$

Da $\sigma$ nur positive Werte annehmen darf, ist es für die Maximierung dieser Funktion zweckmäßig, $\exp(\sigma^*)$ anstelle von $\sigma$ zu verwenden. Dann erhalten wir für die alten bzw. neuen Bundesländer folgende Schätzwerte (Standardfehler in Klammern):

|  | alte Bundesländer | neue Bundesländer |
|---|---|---|
| $\hat{\kappa}$ | 2.360 (0.138) | 1.719 (0.112) |
| $\hat{\mu}$ | 2.868 (0.047) | 2.538 (0.047) |
| $\hat{\sigma}^*$ | −0.395 (0.033) | −0.515 (0.044) |

(10.16)

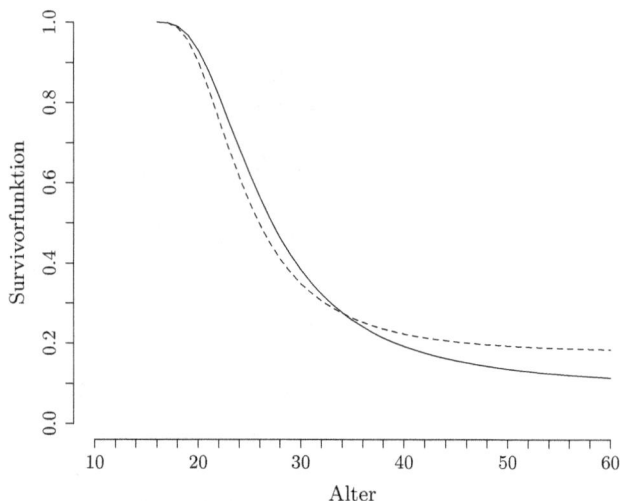

**Abb. 10.6:** Mit den Parametern in (10.16) berechnete Survivorfunktionen für die alten (durchgezogen) und die neuen (gestrichelt) Bundesländer.

Die durchgezogenen Kurven in Abb. 10.4 und 10.5 zeigen die mit diesen Schätzwerten berechneten Heiratsraten. Abb. 10.6 zeigt die entsprechenden Survivorfunktionen, die durch

$$G(t; \kappa, \mu, \sigma^*) = \exp\left(-\kappa\, \Phi\left[\frac{\log(t) - \mu}{\exp(\sigma^*)}\right]\right) \qquad (10.17)$$

berechnet werden können.

### 10.3.4 Verknüpfung mit Regressorvariablen

Regressionsmodelle entstehen, indem man die Parameter der Ratenfunktion (10.11) von Regressorvariablen abhängig macht. Wir illustrieren das anhand von vier Varianten. Das erste Modell M1 hat die Spezifikation

$$\text{M1} \quad \kappa = \alpha_\kappa + l\,\beta_\kappa, \quad \mu = \alpha_\mu + l\,\beta_\mu, \quad \sigma^* = \alpha_\sigma + l\,\beta_\sigma,$$

wobei $l$ Werte der Indikatorvariablen $L$ für neue bzw. alte Bundesländer bezeichnet. Wie Tabelle 10.2 zeigt, erhält man die gleichen Ergebnisse wie bei der oben durchgeführten getrennten Schätzung.

## 10.3 Zeitdauern bis zu Ereignissen

**Tabelle 10.2:** Schätzergebnisse der Modelle M1, M2, M3, M4 und M5.

|  | M1 | M2 | M3 | M4 | M5 |
|---|---|---|---|---|---|
| $\hat{\alpha}_\kappa$ | 2.36 (0.138) | 2.25 (0.140) | 2.40 (0.190) | 2.46 (0.166) | 2.29 (0.111) |
| $\hat{\beta}_\kappa$ | -0.64 (0.178) | -0.55 (0.158) | -0.78 (0.235) | -0.52 (0.161) | -0.53 (0.143) |
| $\hat{\gamma}_\kappa$ |  | -0.02 (0.159) | -0.27 (0.245) | -0.04 (0.161) | 0.00 |
| $\hat{\delta}_\kappa$ |  |  | 0.45 (0.325) |  |  |
| $\hat{\beta}_{2,\kappa}$ |  |  |  | -0.22 (0.186) | 0.00 |
| $\hat{\beta}_{3,\kappa}$ |  |  |  | -0.30 (0.213) | 0.00 |
| $\hat{\alpha}_\mu$ | 2.87 (0.047) | 2.88 (0.043) | 2.90 (0.053) | 2.71 (0.047) | 2.66 (0.034) |
| $\hat{\beta}_\mu$ | -0.33 (0.066) | -0.29 (0.056) | -0.32 (0.074) | -0.29 (0.054) | -0.27 (0.037) |
| $\hat{\gamma}_\mu$ |  | -0.17 (0.058) | -0.21 (0.081) | -0.18 (0.054) | -0.17 (0.037) |
| $\hat{\delta}_\mu$ |  |  | 0.05 (0.117) |  |  |
| $\hat{\beta}_{2,\mu}$ |  |  |  | 0.15 (0.059) | 0.19 (0.031) |
| $\hat{\beta}_{3,\mu}$ |  |  |  | 0.37 (0.067) | 0.44 (0.032) |
| $\hat{\alpha}_\sigma$ | -0.39 (0.033) | -0.58 (0.039) | -0.57 (0.045) | -0.63 (0.046) | -0.66 (0.032) |
| $\hat{\beta}_\sigma$ | -0.12 (0.055) | -0.10 (0.052) | -0.10 (0.074) | -0.04 (0.053) | 0.00 |
| $\hat{\gamma}_\sigma$ |  | 0.23 (0.049) | 0.22 (0.063) | 0.22 (0.049) | 0.23 (0.042) |
| $\hat{\delta}_\sigma$ |  |  | -0.01 (0.106) |  |  |
| $\hat{\beta}_{2,\sigma}$ |  |  |  | -0.02 (0.057) | 0.00 |
| $\hat{\beta}_{3,\sigma}$ |  |  |  | -0.06 (0.062) | 0.00 |
| LogL | -5661.96 | -5587.79 | -5586.31 | -5455.37 | -5456.92 |

Jetzt erweitern wir das Modell durch die Variable $F$, die das Geschlecht erfasst (0 Männer, 1 Frauen). Das neue Modell ist

M2 $\quad \kappa = \alpha_\kappa + l\beta_\kappa + f\gamma_\kappa, \quad \mu = \alpha_\mu + l\beta_\mu + f\gamma_\mu,$
$\sigma^* = \alpha_\sigma + l\beta_\sigma + f\gamma_\sigma.$

Obwohl $\gamma_\kappa$ sich nicht signifikant von 0 unterscheidet, ist dieses Modell besser als M1 und zeigt, dass es deutliche Unterschiede zwischen Männern und Frauen gibt (Aufgabe 4).

Im Modell M3 wird zusätzlich eine Interaktion zwischen $L$ und $F$ angenommen. Die Spezifikation ist

M3 $\quad \kappa = \alpha_\kappa + l\beta_\kappa + f\gamma_\kappa + lf\delta_\kappa, \quad \mu = \alpha_\mu + l\beta_\mu + f\gamma_\mu + lf\delta_\mu,$
$\sigma^* = \alpha_\sigma + l\beta_\sigma + f\gamma_\sigma + lf\delta_\sigma.$

Mit einem LR-Test kann man zeigen, dass die Interaktionsterme keine signifikante Verbesserung des Modells ergeben (Aufgabe 5).

Jetzt nehmen wir noch eine Variable in das Modell auf, die die Schulbildung der Personen erfasst. Wir verwenden die Variable

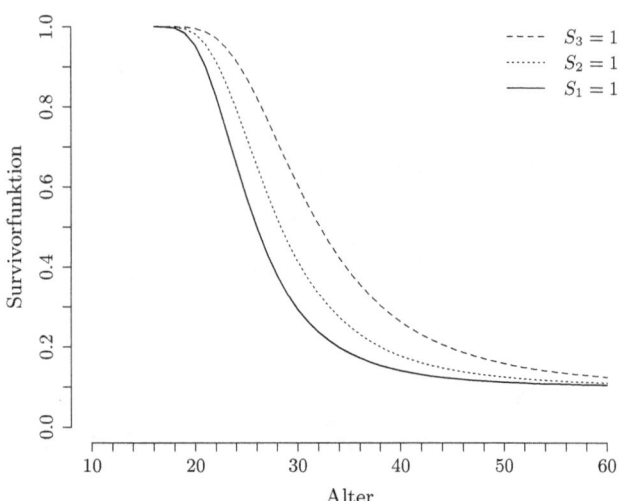

**Abb. 10.7:** Mit dem Modell M5 berechnete Survivorfunktionen für Männer in den alten Bundesländern.

V746 aus dem ALLBUS-Datensatz und bilden daraus drei binäre Indikatorvariablen:

$S_1 = 1$ wenn 'ohne Abschluss' oder 'Volks- oder Hauptschule'

$S_2 = 1$ wenn 'mittlere Reife'

$S_3 = 1$ wenn 'FHS-' oder 'Hochschulreife'

Wir schließen 34 Personen aus, die nicht in eine dieser drei Kategorien fallen, weil sie keine Angabe gemacht haben oder 'einen anderen' Abschluss angegeben haben oder noch Schüler sind. Die Fallzahl verringert sich dadurch auf 2256.

Wir verwenden das Modell M2 als Ausgangspunkt und ergänzen es um die Variablen $S_2$ und $S_3$ ($S_1$ wird als Referenz verwendet):

$$\text{M4} \quad \kappa = \alpha_\kappa + l\,\beta_\kappa + f\,\gamma_\kappa + s_2\,\beta_{2,\kappa} + s_3\,\beta_{3,\kappa},$$
$$\mu = \alpha_\mu + l\,\beta_\mu + f\,\gamma_\mu + s_2\,\beta_{2,\mu} + s_3\,\beta_{2,\mu},$$
$$\sigma^* = \alpha_\sigma + l\,\beta_\sigma + f\,\gamma_\sigma + s_2\,\beta_{2,\sigma} + s_3\,\beta_{3,\sigma}.$$

Wegen der unterschiedlichen Fallzahlen sind die Loglikelihood-Werte der Modelle M2 und M4 nicht vergleichbar. Man erkennt aber, dass die Schulbildung sowohl für den $\kappa$- als auch für den $\sigma$-Parameter nicht signifikant ist. Wie das Modell M5 zeigt, kann man $S_2$ und $S_3$ an diesen Stellen weglassen, ohne dass es zu einer signifikanten Verschlechterung des Modells kommt. Wie Abb. 10.7 illustriert, gibt es jedoch einen erheblichen Zusammenhang mit dem $\mu$-Parameter. Zusätzlich werden in Modell M5 die beiden nicht signifikanten Parameter $\gamma_\kappa$ und $\beta_\sigma$ auf 0 restringiert.

## 10.4 Aufgaben

1. Beziehen Sie sich auf die Tabelle 10.1. Zeigen Sie mit einem LR-Test für einen Vergleich der Modelle M2 und M3, dass die Interaktionsterme relevant sind.

2. Gehen Sie von Modell M3 der Tabelle 10.1 aus und berechnen Sie den Wert der geschätzten Dichtefunktion an der Stelle 2000 Euro für
   - eine Frau in den alten Bundesländern
   - eine Frau in den neuen Bundesländern
   - einen Mann in den alten Bundesländern und
   - einen Mann in den neuen Bundesländern.

   Die Dichtefunktion der Lognormalverteilung lautet:
   $$f(x) = \frac{1}{x\sigma\sqrt{2\pi}} e^{-\frac{1}{2}\left(\frac{\log(x)-\mu}{\sigma}\right)^2}$$

3. Gehen Sie von Modell M4 der Tabelle 10.1 aus und berechnen Sie den Erwartungswert des Einkommens einer Frau in den neuen Bundesländern mit mittlerer Reife.

4. Beziehen Sie sich auf das Modell M2 in Abschnitt 10.3.4.

   a) Zeigen Sie, dass $\gamma_\kappa$ sich nicht signifikant von 0 unterscheidet.

   b) Zeigen Sie mit einem LR-Test, dass Modell M2 gleichwohl besser als Modell M1 ist.

   c) Berechnen Sie mit dem Modell M2 die Heiratsrate einer 25-jährigen Frau in den alten Bundesländern.

5. Beziehen Sie sich auf das Modell M3 in Abschnitt 10.3.4 und zeigen Sie mit einem LR-Test, dass es gegenüber dem Modell M2 keine signifikante Verbeserung liefert.

## 10.5 R-Code

Modellspezifikation und ML-Schätzung am Beispiel von Modell 1 (M1) (siehe Abschnitt 10.2.1):

```
# Daten einlesen
# Gruppierte Einkommensdaten aus Allbus 2016
d <- read.table("istat4.df")
# n = 3078, Tabelle hat 2518 Zeilen
# V1 -> x  = X  (1 bis 21)
# V2 -> l  = L
# V3 -> f  = F
# V4 -> s  = Schulabschluss (1, 2, 3) (0 sollte ausgeschlossen werden)
# V5 -> z  = AGE (4 Fehlwerte -1)
# V6 -> nj = Anzahl

# Variablen erzeugen
nj <- d$V6
x <- rep(d$V1, nj)
l <- rep(d$V2, nj)
f <- rep(d$V3, nj)
z <- rep(d$V5, nj)
s <- rep(d$V4, nj)
lf <- l*f
n <- length(x);n
# Intervallgrenzen
a <- c(1,200,300,400,500,625,750,875,1000,1125,1250,1375,
       1500,1750,2000,2250,2500,2750,3000,4000,5000,7500)
# a_{j-1}
al <- a[-22]
# a_j
ar <- a[-1]

# Loglikelihood Modell 1: Ost/West
ll.1 <- function(b) {
  sum(log( pnorm( ((log(ar[x])-(b[1]+b[2]*l))/exp(b[3]))) -
           pnorm( ((log(al[x])-(b[1]+b[2]*l))/exp(b[3]))) ))
}
# Optimierung
start1 <- c(7,-0.2,-0.4)
o1 <- optim(par = start1, fn = ll.1,
            control = list("fnscale" = -1, maxit = 100000,
                           reltol = 1.5*10^(-12)), hessian = TRUE)
o1$par
```

Verweildauern; Beispiel: Heiratsraten in den alten Bundesländern (siehe Abschnitt 10.3):

```
# Daten einlesen
# Heiratsalter Allbus 2010
d <- read.table("istat5.df")
# n = 2290, Tabelle hat 617 Zeilen
# V1 -> y  = T
```

```
# V2 -> h  = H
# V3 -> l  = L
# V4 -> f  = F
# V5 -> s  = Schulabschluss (1, 2, 3) (0 sollte ausgeschlossen werden)
# V6 -> nj = Anzahl

# Variablen erzeugen
nj <- d$V6
y <- rep(d$V1, nj)
h <- rep(d$V2, nj)
l <- rep(d$V3, nj)
f <- rep(d$V4, nj)
s <- rep(d$V5, nj)

# Setting für Loglikelihood
# b1: mu b2: sigma b3: kappa
# jetzt y-15
y <- y-15
# alte Bundesländer (l = 0)
y.a <- y[l == 0]
h.a <- h[l == 0]

# Loglikelihood
ll.1.a <- function(b) {
  sum( h.a*log( b[3]/exp(b[2])/y.a *
                  dnorm((log(y.a)-b[1])/exp(b[2])) ) -
       b[3]*pnorm((log(y.a)-b[1])/exp(b[2])) )

}
start1 <- c(2.9,-0.4,2.4)
o1.a <- optim(par = start1, fn = ll.1.a,
              control = list("fnscale" = -1, maxit = 50000,
                             reltol = 1.5*10^(-10)), hessian = TRUE)
o1.a$par
```

# 11
## Regression mit Erwartungswerten

*In vielen Anwendungen beschränkt man sich darauf, nur den Erwartungswert der Wahrscheinlichkeitsverteilung einer abhängigen Variablen zu modellieren, d.h. von Bedingungen abhängig zu machen. Zur Schätzung von Regressionsmodellen kann dann auch die Methode der kleinsten Quadrate verwendet werden. In diesem Kapitel besprechen wir hauptsächlich lineare Modellansätze, die in der Praxis meistens verwendet werden.*

11.1 Einleitung ............................ 166
11.2 Der theoretische Ansatz ................... 166
    11.2.1 Modelle für bedingte Erwartungswerte ....... 166
    11.2.2 Die Methode der kleinsten Quadrate ........ 167
11.3 Lineare Regressionsmodelle ................ 168
    11.3.1 Schematische Darstellung ............. 168
    11.3.2 Standardfehler ................... 170
    11.3.3 Beispiele ....................... 172
11.4 Nichtlineare Regressionsmodelle .............. 173
11.5 Wozu dienen Regressionsmodelle? .............. 175
    11.5.1 Voraussagen für Erwartungswerte .......... 175
    11.5.2 Voraussagen für individuelle Werte ........ 176
    11.5.3 Vergleiche unterschiedlicher Modelle ........ 177
11.6 Aufgaben ........................... 179
11.7 R-Code ............................ 180

## 11.1 Einleitung

In den vorangegangenen Kapiteln haben wir zur Berechnung von Regressionsmodellen die ML-Methode verwendet. Diese Methode setzt ein theoretisches Verteilungsmodell für die abhängige Variable voraus. Wenn es sich um eine quantitative abhängige Variable handelt, ist es möglich, sich auf eine Modellierung ihrer durch die Regressorvariablen bedingten Erwartungswerte zu beschränken. Dieser beschränkte Fokus erlaubt es auch, anstelle der ML-Methode ein anderes Schätzverfahren zu verwenden: die Methode der kleinsten Quadrate ('least squares'); wir sprechen im Folgenden kurz von der LS-Methode. Mit diesem Ansatz zur Konstruktion von Regressionsmodellen beschäftigen wir uns in diesem Kapitel.

## 11.2 Der theoretische Ansatz

### 11.2.1 Modelle für bedingte Erwartungswerte

Wir knüpfen an die Überlegungen im Abschnitt 9.2.2 an. $Y$ ist eine quantitative abhängige Variable mit dem Wertebereich $\mathcal{Y}$, $X$ mit dem Wertebereich $\mathcal{X}$ bezeichnet eine oder mehrere Regressorvariablen. $Y$ wird als eine Zufallsvariable betrachtet, deren Verteilung von den Werten von $X$ abhängt. Also kann man von bedingten Erwartungswerten

$$\mathrm{E}(Y \mid X = x) = \sum_{y \in \mathcal{Y}} y \Pr(Y = y \mid X = x) \qquad (11.1)$$

sprechen. Darauf bezieht sich jetzt das Regressionsmodell. Der theoretische Ansatz kann durch eine Gleichung

$$\mathrm{E}(Y \mid X = x) = g(x; \theta^*) \qquad (11.2)$$

beschrieben werden. Die Annahme besteht darin, dass die Abhängigkeit der Erwartungswerte von den Werten der Regressorvariablen durch eine mathematische Funktion dargestellt werden kann, deren numerische Spezifikation von einem Parametervektor $\theta^*$ abhängt.

Wenn es nur eine Regressorvariable $X$ gibt, könnte man z.B. eine lineare Funktion $g(x; \alpha^*, \beta^*) = \alpha^* + x\,\beta^*$ annehmen. Dann ist der Modellansatz als

$$\mathrm{E}(Y \mid X = x) = \alpha^* + x\,\beta^* \qquad (11.3)$$

gegeben. Um zu einem fertigen Modell zu gelangen, muss man Schätzwerte für die Parameter $\alpha^*$ und $\beta^*$ bestimmen. Denn erst dann kann man für jeden möglichen Wert von $X$ einen Erwartungswert von $Y$ berechnen.

Um Werte der Parameter zu bestimmen, wurde in Abschnitt 9.2.2 die ML-Methode verwendet. Bei Modellen für bedingte Erwartungswerte kann stattdessen auch die LS-Methode der kleinsten Quadrate verwendet werden, die wir im Folgenden besprechen.

### 11.2.2 Die Methode der kleinsten Quadrate

Wir nehmen an, dass Daten $(x_i, y_i)$ für $i = 1, \ldots, n$ gegeben sind. Dann kann man bedingte Mittelwerte

$$\mathrm{M}(Y \mid X = x) = \sum_{y \in \mathcal{Y}} y \, \mathrm{P}(Y = y \mid X = x) \qquad (11.4)$$

berechnen, die das beobachtete Äquivalent zu den theoretisch postulierten bedingten Erwartungswerten $\mathrm{E}(Y \mid X = x)$ bilden (Aufgabe 1). Hier setzt die LS-Methode an. Die Idee ist, die Modellfunktion (11.2) so zu wählen, dass sie möglichst gut zu den beobachteten bedingten Mittelwerten passt. Dafür wird das Kriterium

$$d_{LS}(\theta) = \sum_{i=1}^{n} \left( \mathrm{M}(Y \mid X = x_i) - g(x_i; \theta) \right)^2 \qquad (11.5)$$

verwendet. Man beachte, dass $\theta$ hier eine unbestimmte Variable ist, für die beliebige Werte eingesetzt werden können. Das Kriterium liefert für jeden möglichen Wert von $\theta$ die Summe der quadrierten Abweichungen zwischen den beobachteten Mittelwerten und den mit diesem $\theta$-Wert geschätzten Erwartungswerten. Aus der Minimierung von $d_{LS}(\theta)$ gewinnt man einen bestimmten Parametervektor $\hat{\theta}$, der als LS-Schätzwert für $\theta^*$ bezeichnet wird.

Wenn man sich auf das in (11.5) definierte Kriterium bezieht, wird unmittelbar deutlich, wie theoretisch konstruierte Erwartungswerte mit beobachteten Mittelwerten verglichen werden. Eine andere Variante für das zu minimierende Kriterium liefert die Funktion

$$d^*_{LS}(\theta) = \sum_{i=1}^{n} (y_i - g(x_i;\theta))^2. \quad (11.6)$$

Beide Kriterien sind nicht identisch, aber es gibt den Zusammenhang[1]

$$d^*_{LS}(\theta) = d_{LS}(\theta) + \sum_{i=1}^{n} V(Y \mid X = x_i). \quad (11.7)$$

(Aufgabe 2). Die Differenz kommt durch die Streuung der individuellen $Y$-Werte um ihre jeweiligen bedingten Mittelwerte zustande, die durch den zweiten Summanden auf der rechten Seite – eine Summe bedingter Varianzen[2] (s. Aufgabe 1) – erfasst wird. Da dieser Summand nicht von den Modellparametern abhängt, ist es aber gleichgültig, welches Kriterium man zur Minimierung verwendet; man erhält identische Schätzwerte für die Parameter.

Es ist bemerkenswert, dass den beiden Kriterien unterschiedliche Verständnisse des Regressionsmodells entsprechen. Das Kriterium $d_{LS}(\theta)$ entspricht der Idee, dass das Regressionsmodell bedingte Erwartungswerte der abhängigen Variablen berechenbar machen soll. Dagegen legt das Kriterium $d^*_{LS}(\theta)$ nahe, dass die Modellfunktion $g(x;\theta)$ Schätzwerte für individuelle Realisationen der abhängigen Variablen liefern soll. Das wird im Abschnitt 11.5 genauer besprochen.

## 11.3 Lineare Regressionsmodelle

### 11.3.1 Schematische Darstellung

In der Praxis werden meistens lineare Regressionsmodelle verwendet, bei denen angenommen wird, dass die bedingten Erwartungswerte durch eine Funktion dargestellt werden können, die in den Parametern linear ist. Wenn es $m$ Regressorvariablen $X_1, \ldots, X_m$

---

[1] Das wird bspw. bei Rohwer und Pötter (2001: 135f) gezeigt.
[2] Da sich Varianzen hier auf Daten beziehen, verwenden wir das Symbol V; im Unterschied zum Symbol Var für Varianzen von Zufallsvariablen.

## 11.3 Lineare Regressionsmodelle

gibt, ist der Modellansatz gegeben als

$$E(Y \mid X_1 = x_1, \ldots, X_m = x_m) = \sum_{j=1}^{m} x_j\, \theta_j^*. \qquad (11.8)$$

Wir nehmen an, dass Daten durch

$$\mathbf{y} = \begin{bmatrix} y_1 \\ \vdots \\ y_n \end{bmatrix} \quad \text{und} \quad \mathbf{X} = \begin{bmatrix} x_{11} & \cdots & x_{1m} \\ \vdots & & \vdots \\ x_{n1} & \cdots & x_{nm} \end{bmatrix} \qquad (11.9)$$

gegeben sind. Der Vektor $\mathbf{y}$ enthält die Werte der abhängigen Variablen; die Spalten von $\mathbf{X}$ enthalten die Werte der Regressorvariablen.[3] Mit diesen Daten kann das Kriterium (11.6) als

$$d_{LS}^*(\theta) = \sum_{i=1}^{n} \left( y_i - \sum_{j=1}^{m} x_{ij}\, \theta_j \right)^2 \qquad (11.10)$$

geschrieben werden. $\theta = (\theta_1, \ldots, \theta_m)'$ ist der Parametervektor.[4] Mit der Matrixschreibweise erhält man die kompakte Darstellung

$$d_{LS}^*(\theta) = (\mathbf{y} - \mathbf{X}\theta)'(\mathbf{y} - \mathbf{X}\theta) = \mathbf{y}'\mathbf{y} - 2\,\mathbf{y}'\mathbf{X}\theta + \theta'\mathbf{X}'\mathbf{X}\theta. \qquad (11.11)$$

Um diese Funktion zu minimieren, benötigt man die erste Ableitung[5]

$$\frac{\partial (\mathbf{y} - \mathbf{X}\theta)'(\mathbf{y} - \mathbf{X}\theta)}{\partial \theta} = -2\,\mathbf{y}'\mathbf{X} + 2\,\theta'(\mathbf{X}'\mathbf{X}). \qquad (11.12)$$

Setzt man diese Ableitung gleich 0, findet man die Lösung

$$\hat{\theta} = (\mathbf{X}'\mathbf{X})^{-1}\mathbf{X}'\mathbf{y}. \qquad (11.13)$$

$\hat{\theta}$ ist der LS-Schätzwert für den durch den Modellansatz (11.8) postulierten Parametervektor $\theta^*$.

---

[3] Meistens wird angenommen, dass alle Werte von $X_1$ gleich 1 sind, also $x_{i1} = 1$ für $i = 1, \ldots, n$.

[4] Wir fassen Vektoren stets als Spaltenvektoren auf; das Häkchen ' bezeichnet die Transposition.

[5] Es werden folgende Ableitungsregeln verwendet:

$$\frac{\partial \mathbf{A}\theta}{\partial \theta} = \mathbf{A}, \quad \frac{\partial \theta'\mathbf{B}\theta}{\partial \theta} = \theta'(\mathbf{B} + \mathbf{B}')$$

wobei $\mathbf{A}$ eine beliebige und $\mathbf{B}$ eine quadratische Matrix mit einer jeweils passenden Ordnung ist.

## 11.3.2 Standardfehler

Für inferenzstatistische Überlegungen folgen wir dem in Abschnitt 8.3 skizzierten Ansatz, d.h. wir betrachten die Werte der abhängigen Variablen als Realisationen von Stichprobenvariablen $Y_1, \ldots, Y_n$, wobei die Werte der Regressorvariablen als gegeben vorausgesetzt werden. Der beobachtete Vektor $\mathbf{y}$ wird also als eine Realisation eines Vektors

$$\mathbf{Y} = (Y_1, \ldots, Y_n)' \tag{11.14}$$

aufgefasst, dessen Komponenten Zufallsvariablen sind. Das in (11.8) postulierte Regressionsmodell kann dann in der Form

$$\mathrm{E}(\mathbf{Y} \mid \mathbf{X}) = \mathbf{X}\theta^* \tag{11.15}$$

geschrieben werden; und analog zu (11.13) kann eine LS-Schätzfunktion für $\theta^*$ definiert werden als

$$\hat{\hat{\theta}} = (\mathbf{X}'\mathbf{X})^{-1}\mathbf{X}'\mathbf{Y}. \tag{11.16}$$

Diese Schätzfunktion ist erwartungstreu, denn

$$\begin{aligned}\mathrm{E}(\hat{\hat{\theta}} \mid \mathbf{X}) &= (\mathbf{X}'\mathbf{X})^{-1}\mathbf{X}' \, \mathrm{E}(\mathbf{Y} \mid \mathbf{X}) \\ &= (\mathbf{X}'\mathbf{X})^{-1}\mathbf{X}'\mathbf{X}\,\theta^* = \theta^*. \end{aligned} \tag{11.17}$$

Um zu überlegen, wie sich Varianzen für die Komponenten der Schätzfunktion schätzen lassen, ist es hilfreich, einen Vektor

$$\mathbf{U} = \mathbf{Y} - \mathrm{E}(\mathbf{Y} \mid \mathbf{X}) = \mathbf{Y} - \mathbf{X}\theta^* \tag{11.18}$$

einzuführen, der die Abweichungen der Werte von $\mathbf{Y}$ vom Erwartungswert erfasst. Diese Abweichungen werden oft Residuen genannt. Wie $\mathbf{Y}$ ist auch $\mathbf{U}$ ein Vektor, dessen Komponenten Zufallsvariablen sind. Da wir $\mathbf{X}$ als gegeben voraussetzen, gilt

$$\mathrm{E}(\mathbf{U}) = \mathrm{E}(\mathbf{U} \mid \mathbf{X}) = \mathrm{E}(\mathbf{Y} - \mathrm{E}(\mathbf{Y} \mid \mathbf{X}) \mid \mathbf{X}) = 0. \tag{11.19}$$

Aus der Definition (11.18) findet man $\mathbf{Y} = \mathbf{X}\theta^* + \mathbf{U}$, und somit folgt aus (11.16) die Gleichung

$$\hat{\hat{\theta}} - \theta^* = (\mathbf{X}'\mathbf{X})^{-1}\mathbf{X}'\,\mathbf{U} \tag{11.20}$$

## 11.3 Lineare Regressionsmodelle

(Aufgabe 3). Eine Kovarianzmatrix für die Schätzfunktion kann als

$$\mathrm{Var}(\hat{\theta} - \theta^*) = \mathrm{E}\Big\{ \left[(\mathbf{X'X})^{-1}\mathbf{X'\,U}\right] \left[(\mathbf{X'X})^{-1}\mathbf{X'\,U}\right]' \Big\} \quad (11.21)$$
$$= \mathrm{E}\Big\{ (\mathbf{X'X})^{-1}\mathbf{X'\,UU'X}(\mathbf{X'X})^{-1} \Big\}$$

geschrieben werden. Die weiteren Überlegungen hängen von Annahmen über die Residuen $\mathbf{U}$ ab. Wenn man $\mathbf{X}$ als gegeben voraussetzt, kann man annehmen, dass die Komponenten von $\mathbf{Y}$ und infolgedessen auch die Komponenten von $\mathbf{U}$ unabhängig voneinander sind. Dann ist die Kovarianzmatrix

$$\mathrm{Var}(\mathbf{U} \mid \mathbf{X}) = \mathrm{E}(\mathbf{UU'} \mid \mathbf{X}) \quad (11.22)$$

eine Diagonalmatrix mit den Varianzen $\mathrm{E}(U_i^2)$ in der Hauptdiagonalen. In der Basisvariante der LS-Methode ('ordinary least squares') wird außerdem angenommen, dass alle $U_i$-Variablen die gleiche Verteilung und somit die gleiche Varianz $\sigma_U^2$ haben. Dann erhält man die Kovarianzmatrix

$$\mathrm{Var}(\mathbf{U} \mid \mathbf{X}) = \sigma_U^2\,\mathbf{I}_m, \quad (11.23)$$

wobei $\mathbf{I}_m$ eine Einheitsmatrix der Ordnung $m$ ist. Aus dieser Annahme folgt schließlich

$$\mathrm{Var}(\hat{\hat{\theta}} - \theta^*) = \sigma_U^2\,(\mathbf{X'X})^{-1}. \quad (11.24)$$

Die Annahme gleicher Verteilungen der Variablen $U_i$ liefert auch einen einfachen Weg, um ihre Varianz zu schätzen. Die aus den Daten und dem postulierten Modell resultierenden Residuen

$$\hat{u}_i = y_i - \sum_{j=1}^{m} x_{ij}\,\hat{\theta}_j \quad (11.25)$$

sind dann Realisationen der gleichen Verteilung, und man kann ihre Varianz durch

$$\hat{\sigma}_U^2 = \frac{1}{n-m} \sum_{i=1}^{n} \hat{u}_i^2 \quad (11.26)$$

schätzen. Statistikprogramme für die LS-Methode liefern meistens Standardfehler für die geschätzten Parameter, die aus den Quadratwurzeln der Elemente in der Hauptdiagonalen von

$$\hat{\sigma}_U^2 \, (\mathbf{X}\mathbf{X}')^{-1} \qquad (11.27)$$

berechnet werden. Schließlich wird zur Berechnung von Konfidenzintervallen oft angenommen, dass die Schätzfunktionen $\hat{\theta}_j$ näherungsweise einer $t$-Verteilung mit $n - m$ Freiheitsgraden oder bei hinreichend großen Fallzahlen einer Normalverteilung folgen.

### 11.3.3 Beispiele

Als Beispiel verwenden wir das Modell für den Erwartungswert der Anzahl der Arztbesuche

$$E(Y \mid X = x) = \alpha + x\,\beta, \qquad (11.28)$$

das bereits in Abschnitt 9.2.2 besprochen wurde. $Y$ erfasst die Anzahl der Arztbesuche in den letzten drei Monaten (2014 in den neuen Bundesländern), $X$ erfasst das Alter der Personen ($n = 1104$). Das LS-Verfahren liefert folgende Ergebnisse:[6]

| Schätzwert | Standardfehler | Quotient |
|---|---|---|
| $\hat{\alpha} = 0.7173$ | $\hat{\sigma}(\hat{\alpha}) = 0.3303$ | $\hat{\alpha}/\hat{\sigma}(\hat{\alpha}) = 2.17$ |
| $\hat{\beta} = 0.0271$ | $\hat{\sigma}(\hat{\beta}) = 0.0061$ | $\hat{\beta}/\hat{\sigma}(\hat{\beta}) = 4.46$ |

(11.29)

Die Schätzwerte sind sehr ähnlich zu den in (9.13) angegebenen Werten; die Standardfehler sind allerdings etwas größer. Deshalb sind auch die Konfidenzintervalle etwas breiter. Verwendet man eine Normalverteilung, findet man für ein Konfidenzniveau $1 - \alpha = 0.95$:

$$\begin{aligned} \hat{\alpha} \pm 1.96\,\hat{\sigma}(\hat{\alpha}) &\equiv 0.7173 \pm 0.647 \\ \hat{\beta} \pm 1.96\,\hat{\sigma}(\hat{\beta}) &\equiv 0.0271 \pm 0.012 \end{aligned} \qquad (11.30)$$

Als eine weitere Regressorvariable verwenden wir das Geschlecht $F$ (0 für Männer, 1 für Frauen). Das erweiterte Modell ist gegeben als

$$E(Y \mid X = x) = \alpha + x\,\beta + f\,\gamma. \qquad (11.31)$$

---
[6]Für die Berechnung wird das Datenfile `istat1.df` verwendet.

Die LS-Methode liefert folgendes Ergebnis:

| Schätzwert | Standardfehler | Quotient | |
|---|---|---|---|
| $\hat{\alpha} = 0.4066$ | $\hat{\sigma}(\hat{\alpha}) = 0.3418$ | $\hat{\alpha}/\hat{\sigma}(\hat{\alpha}) = 1.19$ | (11.32) |
| $\hat{\beta} = 0.0265$ | $\hat{\sigma}(\hat{\beta}) = 0.0061$ | $\hat{\beta}/\hat{\sigma}(\hat{\beta}) = 4.38$ | |
| $\hat{\gamma} = 0.6916$ | $\hat{\gamma}(\hat{\gamma}) = 0.2076$ | $\hat{\gamma}/\hat{\sigma}(\hat{\gamma}) = 3.33$ | |

Als Ergänzung könnte untersucht werden, ob es eine signifikante Interaktion zwischen dem Alter und dem Geschlecht gibt. Dafür kann das Modell

$$E(Y \mid X = x) = \alpha + x\,\beta + f\,\gamma + x\,f\,\delta \qquad (11.33)$$

verwendet werden.

## 11.4 Nichtlineare Regressionsmodelle

Oft muss man annehmen, dass es einen nichtlinearen Zusammenhang zwischen Regressorvariablen und den durch sie bedingten Erwartungswerten einer abhängigen Variablen gibt. Solche nichtlinearen Zusammenhänge können auch im Rahmen eines linearen Regressionsmodells formuliert werden, indem man eine nichtlineare Transformation einer Regressorvariablen verwendet. Um zum Beispiel auszudrücken, dass der Erwartungswert von $Y$ auf nichtlineare Weise von Werten von $X$ abhängt, könnte man die Spezifikation

$$E(Y \mid X = x) = \alpha + x\beta + x^2\gamma \qquad (11.34)$$

verwenden. Für einige Anwendungen ist jedoch das Schema der linearen Regression zu eng. Als Beispiel beziehen wir uns erneut auf die Abhängigkeit der Anzahl der Arztbesuche vom Alter. In Abschnitt 9.2.1 wurde das Modell

$$E(Y \mid X = x) = \frac{1}{\alpha + x\,\beta} - 1 \qquad (11.35)$$

mit der ML-Methode geschätzt. Dies ist ein nichtlineares Regressionsmodell für einen bedingten Erwartungswert, das auch mit der LS-Methode geschätzt werden kann. Mit dem Kriterium

$$d^*_{LS}(\alpha, \beta) = \sum_{i=1}^{n} \left( y_i - [(\alpha + x_i\,\beta)^{-1} - 1] \right)^2 \qquad (11.36)$$

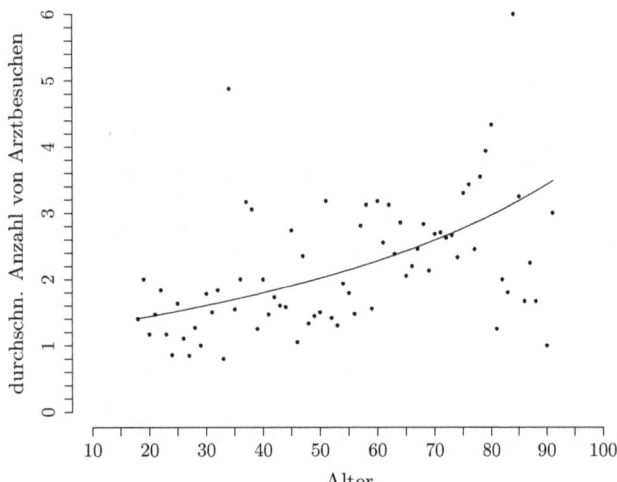

**Abb. 11.1:** Auf das Alter bedingte empirische Mittelwerte und mittels der nichtlinearen Regression approximierten bedingten Erwartungswerte.

erhält man die Schätzergebnisse

| Schätzwert | Standardfehler | Quotient | |
|---|---|---|---|
| $\hat{\alpha} = 0.4633$ | $\hat{\sigma}(\hat{\alpha}) = 0.0381$ | $\hat{\alpha}/\hat{\sigma}(\hat{\alpha}) = 12.16$ | (11.37) |
| $\hat{\beta} = -0.0026$ | $\hat{\sigma}(\hat{\beta}) = 0.0006$ | $\hat{\beta}/\hat{\sigma}(\hat{\beta}) = -4.40$ | |

Sie unterscheiden sich nur wenig von denjenigen in der Tabelle (9.6), die mit der ML-Methode gewonnen wurden. Würde man die Abb. 9.1 durch die mit diesen Schätzwerten gebildete Regressionsfunktion ergänzen, wären die beiden Kurven kaum zu unterscheiden.

Abbildung 11.1 zeigt die auf das Alter bedingten empirischen Mittelwerte und die mittels der nichtlinearen Regression approximierten bedingten Erwartungswerte.

Die Definition von Standardfehlern (wie sie von den meisten Statistikprogrammen berechnet werden) beruht auf den gleichen theoretischen Annahmen, die in Abschnitt 11.3.2 für lineare Regressionsmodelle besprochen wurden. Insbesondere wird angenommen, dass die Residuen Werte von unabhängigen und identisch verteilten

Residualvariablen sind. Die Berechnung ist allerdings wegen der Nichtlinearität der Regressionsfunktion komplizierter.[7]

## 11.5 Wozu dienen Regressionsmodelle?

Im Rahmen der deskriptiven Statistik dienen Regressionsmodelle zur Beschreibung von Daten. Hier besprechen wir probabilistische Regressionsmodelle, die wir als probabilistische Regeln für Voraussagen auffassen. Bei den in diesem Kapitel behandelten Modellen kann man zwischen Voraussagen für bedingte Erwartungswerte und Voraussagen für individuelle Werte der abhängigen Variablen unterscheiden. In diesem Abschnitt kontrastieren wir diese beiden Arten von Voraussagen.

### 11.5.1 Voraussagen für Erwartungswerte

Wir beziehen uns auf ein Modell

$$\mathrm{E}(Y \mid X = x). \tag{11.38}$$

Den primären Zweck eines solchen Modells kann man darin sehen, dass es Voraussagen über durch Werte von Regressorvariablen bedingte Erwartungswerte einer abhängigen Variablen liefert. Für die Beurteilung des Modells ist dann maßgeblich, wie gut es diesen Zweck erfüllt. Auf der Basis der jeweils gegebenen Daten wird diese Frage durch das $d_{LS}$-Kriterium beantwortet.

Zur Illustration verwenden wir das Modell (11.28), das zeigen soll, wie die durchschnittliche Anzahl von Arztbesuchen vom Alter abhängt. Entsprechend der Formel (11.7) liefert die LS-Schätzung:

$$d^*_{LS}(\hat\alpha,\hat\beta)/n = d_{LS}(\hat\alpha,\hat\beta)/n + \sum_{i=1}^n \mathrm{V}(Y \mid X = x_i)/n. \tag{11.39}$$

$$\underbrace{\phantom{d^*_{LS}(\hat\alpha,\hat\beta)/n}}_{11.973} \quad \underbrace{\phantom{d_{LS}(\hat\alpha,\hat\beta)/n}}_{0.461} \quad \underbrace{\phantom{\sum_{i=1}^n \mathrm{V}(Y \mid X = x_i)/n}}_{11.512}$$

Der Wert 0.461 zeigt, wie gut das Modell die durch die Daten gegebenen bedingten Mittelwerte voraussagt. Die Tatsache, dass es eine sehr große Streuung der individuellen Werte um die Mittelwerte gibt (die im zweiten Summanden auf der rechten Seite zum Ausdruck kommt), ist für diese Beurteilung nicht relevant.

---

[7] Die Berechnung wird zum Beispiel bei Greene (2008), S. 289ff dargestellt.

Relevant ist nur der Wert des $d_{LS}$-Kriteriums. Je kleiner dieser Wert ist, desto besser erfüllt das Modell seinen Zweck. Daran kann sich auch die Suche nach alternativen Modellspezifikationen orientieren. Zum Beispiel kann man untersuchen, ob sich das nichtlineare Modell (11.35) besser eignet. Das ist jedoch nicht der Fall, denn bei diesem Modell erhält man $d_{LS}(\hat{\alpha}, \hat{\beta})/n = 0.468$.

### 11.5.2 Voraussagen für individuelle Werte

Man kann einen Sinn des Modells (11.38) auch darin sehen, dass man Voraussagen für individuelle Realisationen der abhängigen Variablen machen kann. An dem Modell selbst ändert sich dadurch nichts, es liefert nur Schätzwerte für bedingte Erwartungswerte. Der Unterschied besteht darin, dass man jetzt diese bedingten Erwartungswerte als Schätzwerte für individuelle Werte verwendet.

Die Frage ist dann, wie gut sich das Modell für diesen Zweck eignet. Dafür ist jetzt das $d^*_{LS}$-Kriterium maßgeblich. In unserem Beispiel gibt es den Wert 11.973, dessen größter Teil aus der Streuung der individuellen Werte um die durch das Modell geschätzten Erwartungswerte resultiert.

Wenn man annimmt, dass das Modell individuelle Werte schätzen soll, erscheint auch folgender Vergleich sinnvoll. Einerseits schätzt man die individuellen Werte mit Hilfe des Modells, man verwendet also die Schätzwerte

$$\hat{y}_i = \mathrm{E}(Y \mid X = x_i, \hat{\alpha}, \hat{\beta}). \tag{11.40}$$

Andererseits verwendet man zur Schätzung der individuellen Werte einfach den beobachteten Mittelwert $\bar{y} = \sum_i y_i/n$. Jetzt kann man eine Varianzzerlegung vornehmen, die in unserem Beispiel so aussieht:[8]

$$\overbrace{\sum_{i=1}^{n}(y_i - \bar{y})^2/n}^{12.189} = \overbrace{\sum_{i=1}^{n}(y_i - \hat{y}_i)^2/n}^{11.973} + \overbrace{\sum_{i=1}^{n}(\hat{y}_i - \bar{y})^2/n}^{0.216}. \tag{11.41}$$

Auf der linken Seite steht der durchschnittliche quadrierte Fehler, wenn man die individuellen Werte durch $\bar{y}$ schätzt; der erste Summand auf der rechten Seite ist der durchschnittliche quadrierte

---

[8] Diese Zerlegung wird bspw. bei Behr (2017: 166f) erklärt.

Fehler, wenn man die durch das Modell gelieferten Erwartungswerte verwendet. Offenbar ist die durch das Modell ermöglichte Verbesserung gering. Zur Quantifizierung wird oft die Größe

$$R^2 = 1 - \frac{\sum_{i=1}^{n}(y_i - \hat{y}_i)^2)}{\sum_{i=1}^{n}(y_i - \bar{y})^2)} = 1 - \frac{11.973}{12.189} = 0.0177 \quad (11.42)$$

verwendet, die als Bestimmtheitsmaß bezeichnet wird.

In unserem Beispiel kommt man also zu dem Ergebnis, dass das Modell kaum dazu beiträgt, die unterschiedlichen individuellen Anzahlen der Arztbesuche vorauszusagen. Gleichwohl liefert es durchaus sinnvolle Schätzungen der durch das Alter bedingten Durchschnittswerte.

### 11.5.3 Vergleiche unterschiedlicher Modelle

Modelle können sich in zwei Aspekten unterscheiden: Einerseits durch die jeweils verwendeten Regressorvariablen, andererseits durch die Form der Modellfunktion, die die Regressorvariablen mit den bedingten Erwartungswerten der abhängigen Variablen verknüpft. Wenn ein Modell zur Voraussage individueller Werte dienen soll, ist die Unterscheidung nicht wichtig. Man kann sowohl durch veränderte Regressorvariablen als auch durch eine Veränderung der Modellfunktion versuchen, zu einem kleineren Wert des $d_{LS}^*$-Kriteriums bzw. zu einem größeren $R^2$ zu gelangen.

Anders verhält es sich, wenn das Modell dazu dienen soll, bedingte Erwartungswerte vorauszusagen. In diesem Fall ist das $d_{LS}$-Kriterium relevant, und mit diesem Kriterium kann man nur Modelle vergleichen, die die gleichen Regressorvariablen verwenden. Denn wenn sich die Regressorvariablen verändern, verändern sich auch die bedingten Erwartungswerte, die das Modell schätzen soll.

Das $d_{LS}$-Kriterium wird auch nicht unbedingt kleiner, wenn man weitere Regressorvariablen berücksichtigt. Das kann anhand unseres Beispiels illustriert werden, indem wir das Modell (11.28) mit dem Modell (11.31) vergleichen, das zusätzlich zum Alter auch noch das Geschlecht berücksichtigt. Bei diesem erweiterten Modell gibt es für die Kriterien die Werte

$$d^*_{LS}(\hat{\alpha},\hat{\beta},\hat{\gamma})/n = \overbrace{d_{LS}(\hat{\alpha},\hat{\beta},\hat{\gamma})/n}^{11.854} + \overbrace{\sum_{i=1}^{n} V(Y \mid X = x_i)/n}^{10.802}. \quad (11.43)$$

Mit den Zahlenwerten:
$\underbrace{\phantom{d^*_{LS}}}_{11.854} = \underbrace{\phantom{d_{LS}}}_{1.052} + \underbrace{\phantom{\sum}}_{10.802}$

Zwar ist das $d^*_{LS}$-Kriterium etwas kleiner geworden, so dass man sagen kann, dass sich das erweiterte Modell etwas besser zur Voraussage individueller Werte eignet. Das $d_{LS}$-Kriterium ist jedoch deutlich größer geworden. Das bedeutet jedoch nicht, dass sich das Modell weniger gut zur Vorausssage bedingter Erwartungswerte eignet. Vielmehr ist dies eine Folge dessen, dass sich das Modell auf andere Erwartungswerte bezieht.

## 11.6 Aufgaben

1. Es sind die folgenden Daten gegeben:

   | $i$ | 1 | 2 | 3 | 4 | 5 | 6 | 7 | 8 |
   |---|---|---|---|---|---|---|---|---|
   | $x_i$ | 1 | 1 | 1 | 2 | 2 | 4 | 4 | 4 |
   | $y_i$ | 0.5 | 1 | 2 | 1 | 2 | 1 | 2 | 2.1 |

   a) Berechnen Sie die bedingten Mittelwerte $M(Y \mid X = x_i)$.

   b) Berechnen Sie die bedingten Varianzen $V(Y \mid X = x_i)$, d.h. die Varianz derjenigen $Y$-Werte, bei denen der entsprechende $X$-Wert gleich $x_i$ ist.

2. Betrachten Sie das Regressionsmodell $E(Y|X = x) = \alpha^* + x\beta^*$ für die in Aufgabe 1 angegebenen Daten. Die LS-Methode liefert die Schätzwerte $\hat{\alpha} = 1.0477$ und $\hat{\beta} = 0.1694$.

   a) Berechnen Sie mit diesen Parameterwerten die Kriterien $d_{LS}(\hat{\alpha}, \hat{\beta})$ und $d_{LS}^*(\hat{\alpha}, \hat{\beta})$.

   b) Berechnen und interpretieren Sie mit den Daten aus Aufgabe 1 die Größe $\sum_{i=1}^{n} V(Y \mid X = x_i)$.

3. Zeigen Sie, dass (11.20) richtig ist, indem Sie von

   $$\hat{\hat{\theta}} = (\mathbf{X}'\mathbf{X})^{-1}\mathbf{X}' \, \mathbf{Y} = (\mathbf{X}'\mathbf{X})^{-1}\mathbf{X}' \, (\mathbf{X}\theta^* + \mathbf{U})$$

   ausgehen.

4. Berechnen und interpretieren Sie Konfidenzintervalle für die in Tabelle (11.32) angegebenen Schätzergebnisse. Verwenden Sie dafür eine Normalverteilung und ein Konfidenzniveau 0.95.

5. Vergleichen Sie die Regressionswerte der Regressionsfunktionen, die mit den Parameterwerten aus den Tabellen (9.6) bzw. (11.37) gebildet werden, an den Stellen $\{x_1 = 20; x_2 = 50; x_3 = 80\}$.

## 11.7 R-Code

Aus dem Abschnitt Beispiele (11.3.3):

```
# Daten einlesen
# Anzahl Arztbesuche aus Allbus 2014
d <- read.table("istat1.df")
# n = 1104 Personen, Tabelle hat 551 Zeilen
# V1 -> y  = Y Anzahl Arztbesuche
# V2 -> f  = F Geschlecht (0 M, 1 F)
# V3 -> x  = Alter in 2014
# V4 -> nj = Anzahl

# Variablen erzeugen
nj <- d$V4
y <- rep(d$V1, nj)
f <- rep(d$V2, nj)
x <- rep(d$V3, nj)
n <- length(x)

# Arztbesuche sollen nur durch das Alter erklärt werden
reg1 <- lm(y ~ x)
summary(reg1)
# Erweiterung um die erklärende Variable "Geschlecht"
reg2 <- lm(y ~ x + f)
summary(reg2)
```

Nichtlineares Modelle (siehe Abschnitt 11.4):

```
library(nlstools)
reg3 <- nls(y ~ 1/(b0+b1*x)-1, start = list(b0 = 1, b1 = 0.1))
summary(reg3)
```

$d_{LS}$-Kriterium für das lineare Modell (siehe Abschnitt 11.5.1):

```
# Bedingte Mittelwerte
mx <- tapply(X = y, INDEX = x, FUN = mean)
# Bedingte Varianzen
myvar <- function(x) {
  1/length(x)*sum((x-mean(x))^2)
}
vx <- tapply(X = y, INDEX = x, FUN = myvar)
# Ausprägungen der erklärenden Variablen
ux <- sort(x = unique(x), decreasing = FALSE); ux
# Häufigkeiten der Altersausprägungen
fx <- table(x)/length(x); fx
# gefittete Werte für Ausprägungen der erklärenden Variablen
fit.ux <- predict(reg1, newdata = data.frame(x = ux))

# Kriterium
dls.star <- mean( (y-reg1$fitted)^2 ); dls.star
dls <- sum( (mx-fit.ux)^2 * fx ); dls
sv <- sum(vx * fx); sv
```

# Formelsammlung

## Kapitel 1: Artifizielle Zufallsgeneratoren

Wahrscheinlichkeitsfunktion
$$f(x) = \Pr(X = x)$$

Verteilungsfunktion
$$F(x) = \Pr(X \leq x)$$

Erwartungswert
$$\mathrm{E}(X) = \sum_{x \in \mathcal{X}} x \, f(x)$$

Varianz
$$\mathrm{Var}(X) = \sum_{x \in \mathcal{X}} (x - \mathrm{E}(X))^2 \, f(x)$$
$$= \mathrm{E}([X - \mathrm{E}(X)]^2) = \mathrm{E}(X^2) - \mathrm{E}(X)^2$$

Standardabweichung
$$\sqrt{\mathrm{Var}(X)}$$

Geometrische Verteilung
$$\Pr(Z = z) = (1 - \pi)^{z-1} \pi,$$

Stetige Zufallsvariable:
Dichtefunktion
$$f(x)$$

Intervallwahrscheinlichkeit
$$\Pr(X \in [a, b]) = \int_a^b f(x) \, \mathrm{d}x$$

Verteilungsfunktion
$$F(x) = \Pr(X \leq x) = \int_{-\infty}^x f(u) \, \mathrm{d}u.$$

Standardgleichverteilung

$$f(x) = \begin{cases} 1 & \text{wenn } 0 \leq x \leq 1, \\ 0 & \text{andernfalls}. \end{cases}$$

Erwartungswert

$$E(X) = \int_{-\infty}^{\infty} x \, f(x) \, dx$$

Varianz

$$\text{Var}(X) = \int_{-\infty}^{\infty} (x - E(X))^2 \, f(x) \, dx$$

Normalverteilung

$$\phi(x; \mu, \sigma) = \frac{1}{\sqrt{2\pi}\,\sigma} \exp\left(-\frac{1}{2}\left[\frac{x-\mu}{\sigma}\right]^2\right).$$

$$E(X) = \mu \quad \text{und} \quad \text{Var}(X) = \sigma^2.$$

Verteiungsfunktion der Standardnormalverteilung

$$\Phi(x) = \int_{-\infty}^{x} \frac{1}{\sqrt{2\pi}} \exp\left(-\frac{z^2}{2}\right) dz.$$

**Kapitel 2: Schätzen von Verteilungsparametern**

Schätzfunktion Stichprobenmittel

$$Y = \frac{1}{n}(X_1 + \cdots + X_n).$$

$$E(Y) = E(X) \quad \text{und} \quad \text{Var}(Y) = \frac{1}{n}\text{Var}(X).$$

Likelihood

$$\mathcal{L}(\theta) = \prod_{i=1}^{n} f(x_i; \theta)$$

Loglikelihood

$$\ell(\theta) = \log(\mathcal{L}(\theta)) = \sum_{i=1}^{n} \log(f(x_i; \theta))$$

## Kapitel 3: Schätzfunktionen und Konfidenzintervalle

Binomialverteilung

$$\Pr(S_n = s) = \binom{n}{s} \pi^s (1-\pi)^{n-s}$$

$$\mathrm{E}(S_n) = n\pi \quad \text{und} \quad \mathrm{Var}(S_n) = n\pi(1-\pi)$$

Konfidenzintervall

$$\Pr\left(-u_{1-\alpha/2} \leq \frac{\hat{\hat{\mu}} - \mu}{\sigma/\sqrt{n}} \leq u_{1-\alpha/2}; \mu, \sigma\right) = 1 - \alpha.$$

## Kapitel 4: Testen von Hypothesen

Likelihood-Ratio-Test

$$\Lambda(\mathbf{X}; H_0, H_1) = \frac{\max\{\mathcal{L}(\theta; \mathbf{X}) \mid \theta \in \Theta_0\}}{\max\{\mathcal{L}(\theta; \mathbf{X}) \mid \theta \in \Theta_0 \cup \Theta_1\}}$$

$$D = -2 \log\left(\Lambda(\mathbf{X}; H_0, H_1)\right)$$
$$= 2 \left(\max\{\log(\mathcal{L}(\theta; \mathbf{X}) \mid \theta \in \Theta_0 \cup \Theta_1)\} - \max\{\log(\mathcal{L}(\theta; \mathbf{X}) \mid \theta \in \Theta_0)\}\right)$$

## Kapitel 5: Stichproben aus realen Gesamtheiten

Inklusionswahrscheinlichkeit

$$\pi_i = \sum_{s \ni i} \Pr(S = s)$$

Inklusionsindikator

$$I_i(s) = \begin{cases} 1 & \text{wenn } i \in s \text{ ist,} \\ 0 & \text{andernfalls.} \end{cases}$$

Einfache Zufallsauswahl: Schätzfunktionen

$$\mathrm{M}(X; S) = \frac{1}{n} \sum_{i=1}^{N} x_i I_i(S)$$

$$\mathrm{V}(X; S) = \frac{1}{n-1} \sum_{i \in s} [x_i - \mathrm{M}(X; S)]^2$$

## Kapitel 6: Ergänzungen und Probleme

Schätzfunktion mit Designgewichten:

$$M_w(X;S) = \frac{1}{N} \sum_{i=1}^{N} \frac{x_i}{\pi_i} I_i(S),$$

## Kapitel 7: Deskriptive Modelle

Lognormalverteilung:

$$\Phi((\log(x) - \mu)/\sigma),$$

$$E(X) = \exp\left(\mu + \frac{\sigma^2}{2}\right),$$

$$\text{Var}(X) = \exp(2\mu + \sigma^2)\,[\exp(\sigma^2) - 1].$$

## Kapitel 8: Probabilistische Regressionsmodelle

Logitmodell

$$\Pr(Y = 1 \mid X = x) = \frac{\exp(\alpha + x\,\beta)}{1 + \exp(\alpha + x\,\beta)} = L(\alpha + x\,\beta)$$

p-Wert bei Normalverteilung

$$\text{p-Wert} = 1 - \left(2\,\Phi\left(\left|\frac{\text{Schätzwert}}{\text{Std.fehler}}\right|\right) - 1\right)$$

## Kapitel 9: Polytome abhängige Variablen

Geometrische Verteilung

$$\Pr(Y = y) = \delta\,(1 - \delta)^y$$

## Kapitel 10: Regression mit Dichtefunktionen

Verweildauern: Rate
$$r(t) = \frac{f(t)}{1 - F(t)}$$

Überlebensfunktion
$$G(t) = 1 - F(t) = \Pr(T > t)$$

$$G(t) = \exp\left(-\int_0^t r(u)\,\mathrm{d}u\right)$$

## Kapitel 11: Regression mit Erwartungswerten

Bedingter Erwartungswert
$$\mathrm{E}(Y \mid X = x) = \sum_{y \in \mathcal{Y}} y \Pr(Y = y \mid X = x)$$

Bedingter Mittelwert
$$\mathrm{M}(Y \mid X = x) = \sum_{y \in \mathcal{Y}} y\, \mathrm{P}(Y = y \mid X = x)$$

Abstandskriterien
$$d_{LS}(\theta) = \sum_{i=1}^n \left(\mathrm{M}(Y \mid X = x_i) - g(x_i; \theta)\right)^2$$

$$d^*_{LS}(\theta) = \sum_{i=1}^n \left(y_i - g(x_i; \theta)\right)^2$$

$$d^*_{LS}(\theta) = d_{LS}(\theta) + \sum_{i=1}^n \mathrm{V}(Y \mid X = x_i)$$

Kleinste Quadrate Schätzer
$$\hat{\hat{\theta}} = (\mathbf{X}'\mathbf{X})^{-1}\mathbf{X}'\mathbf{Y}$$

Streuungszerlegung:

$$\sum_{i=1}^{n}(y_i - \bar{y})^2)/n = \sum_{i=1}^{n}(y_i - \hat{y}_i)^2)/n + \sum_{i=1}^{n}(\hat{y}_i - \bar{y})^2)/n$$

Bestimmtheitsmaß

$$R^2 = 1 - \frac{\sum_{i=1}^{n}(y_i - \hat{y}_i)^2)}{\sum_{i=1}^{n}(y_i - \bar{y})^2)}$$

**Tabellen**

| $u$ | $\Phi(u)$ |
|---|---|
| 1.282 | 0.9 |
| 1.645 | 0.95 |
| 1.96 | 0.975 |
| 2.326 | 0.99 |
| 2.576 | 0.995 |
| 0.25 | 0.5987 |
| 0.5 | 0.6914 |
| 1 | 0.8413 |
| 1.5 | 0.9332 |
| 2 | 0.9772 |
| 2.5 | 0.9938 |
| 3 | 0.9987 |
| 3.5 | 0.9998 |

$t_{\mathrm{df},p}$

| $p$ | df= 5 | df= 15 | df= 25 |
|---|---|---|---|
| 0.6 | 0.2672 | 0.2579 | 0.2561 |
| 0.75 | 0.7267 | 0.6912 | 0.6844 |
| 0.8 | 0.9195 | 0.8662 | 0.8562 |
| 0.85 | 1.1558 | 1.0735 | 1.0584 |
| 0.9 | 1.4759 | 1.3406 | 1.3163 |
| 0.95 | 2.0150 | 1.7531 | 1.7081 |
| 0.975 | 2.5706 | 2.1314 | 2.0595 |
| 0.99 | 3.3649 | 2.6025 | 2.4851 |
| 0.995 | 4.0322 | 2.9467 | 2.7874 |
| 0.999 | 5.8934 | 3.7328 | 3.4502 |

$\chi^2_{\mathrm{df},p}$

| df | $p=0.9$ | $p=0.95$ | $p=0.99$ |
|---|---|---|---|
| 1 | 2.706 | 3.841 | 6.635 |
| 2 | 4.605 | 5.991 | 9.210 |
| 3 | 6.251 | 7.815 | 11.345 |
| 4 | 7.779 | 9.488 | 13.277 |
| 5 | 9.236 | 11.070 | 15.086 |
| 10 | 15.987 | 18.307 | 23.209 |
| 15 | 22.307 | 24.996 | 30.578 |

# Probeklausuren

## Klausur 1

1. Eine Kugelurne enthält eine Kugel mit der Zahl 1, 3 Kugeln mit der Zahl 2 und 6 Kugeln mit der Zahl 3. Es wird mit Zurücklegen gezogen, so dass die Ziehungen unabhängig sind. $X$ sei die Zahl auf der gezogenen Kugel.

   a) Geben Sie die Wahrscheinlichkeitsverteilung der Zufallsvariable $X$ an.

   b) Wie lautet $E(X)$?

   c) Wie lautet $Var(X)$?

   d) Mit welcher Wahrscheinlichkeit ziehen Sie bei $n = 20$ Ziehungen 12 mal eine 3?

   e) Mit welcher Wahrscheinlichkeit ziehen Sie höchstens 17 mal eine 3?

2. Betrachten Sie erneut die in Aufgaben 1 beschriebene Kugelurne. Es soll nun eine Stichprobe vom Umfang $n = 250$ gezogen werden.

   a) Geben Sie das Intervall an, in dem der Anteil der Ziehungen mit $X = 3$ mit einer Wahrscheinlichkeit von 95% liegen wird.

   b) Mittels einer Stichprobe vom Umfang $n = 120$ soll die Hypothese überprüft werden, dass die Wahrscheinlichkeit eine 3 zu ziehen 55% beträgt. In der Stichprobe wurden 73 Kugeln mit der Zahl 3 gezogen. Wie beurteilen Sie die Hypothese bei Verwendung einer Irrtumswahrscheinlichkeit $\alpha = 0.1$.

c) Wie beurteilen Sie das Testergebnis angesichts der ihnen bekannten Eigenschaft der Kugelurne?

3. Wir betrachten eine Gesamtheit $U = \{u_1, u_2, u_3, u_4\}$. Die vier Einheiten weisen für die statistische Variable $X$ folgende Werte auf: $x_1 = 1, x_2 = 3, x_3 = 7, x_4 = 9$.

   Es sind folgende vier Stichproben des Umfangs $n = 2$ möglich: $s_1 = \{u_1, u_2\}, s_2 = \{u_1, u_3\}, s_3 = \{u_1, u_4\}, s_4 = \{u_3, u_4\}$. Die Wahrscheinlichkeiten für die Stichproben sind: $\Pr(S = s_1) = 0.3, \Pr(S = s_2) = 0.4, \Pr(S = s_3) = 0.2, \Pr(S = s_4) = 0.1$.

   a) Ermitteln Sie die Inklusionswahrscheinlichkeiten für die vier Einheiten der Gesamtheit $U$.

   b) Zeigen Sie numerisch, dass die Schätzfunktion
   $$\mathrm{M}(X;S) = \frac{1}{n}\sum_{i=1}^{n} x_i$$
   für dieses Stichprobendesign nicht erwartungstreu ist.

4. Betrachten Sie folgende Wertetabelle

   | $y$ | 1 | 4 | 4 | 5 | 7 | 9 |
   |---|---|---|---|---|---|---|
   | $x$ | 2 | 4 | 4 | 4 | 6 | 6 |

   Die Schätzung der Parameter der Funktion $g(x_i; \alpha, \beta) = \alpha + \beta x_i$ hat folgende Schätzwerte ergeben: $\hat{\alpha} = -2.647$, $\hat{\beta} = 1.765$.

   a) Ermitteln Sie die geschätzten Funktionswerte $\hat{y} = \mathrm{E}(Y|X=x)$.

   b) Ermitteln Sie $d_{LS}(\alpha, \beta) = \sum_{i=1}^{n}(\mathrm{M}(Y|X=x_i) - g(x_i; \alpha, \beta))^2$. Was misst $d_{LS}(\alpha, \beta)$?

   c) Ermitteln Sie $d^*_{LS}(\alpha, \beta) = \sum_{i=1}^{n}(y_i - g(x_i; \alpha, \beta))^2$. Was misst $d^*_{LS}(\alpha, \beta)$?

   d) Berechnen Sie auch $d^*_{LS}(\alpha, \beta) - d_{LS}(\alpha, \beta)$. Was misst diese Differenz?

## Klausur 2

1. Eine Kugelurne enthält 2 Kugeln mit der Zahl 1, 3 Kugeln mit der Zahl 3, 5 Kugeln mit der Zahl 5 und 10 Kugeln mit der Zahl 10. Es wird mit Zurücklegen gezogen, so dass die Ziehungen unabhängig sind. $X$ sei die Zahl auf der gezogenen Kugel.

   a) Geben Sie die Wahrscheinlichkeitsverteilung und die Verteilungsfunktion der Zufallsvariable $X$ an.

   b) Wie lautet $E(X)$?

   c) Zeigen Sie, dass gilt: $V(X) = E\left[(X - E(X))^2\right] = E(X^2) - E(X)^2$

   d) Wie lautet $V(X)$?

   e) Betrachten Sie die Zufallsvariable $Y = 2 + 0.5X$. Wie lauten $E(Y)$ und $V(Y)$?

2. Betrachten Sie erneut die in Aufgabe 1 beschriebene Kugelurne. Es soll nun eine Stichprobe vom Umfang $n = 150$ gezogen werden.

   a) Geben Sie das Intervall an, in dem das Stichprobenmittel $M(X, S)$ mit einer Wahrscheinlichkeit von 90% liegen wird.

   b) Nehmen Sie nun an, Sie würden $E(X)$ und $V(X)$ nicht kennen. Eine Stichprobe vom Umfang $n = 100$ hat $M(X, S) = 6.92$ und $V(X, S) = 11.751$ ergeben. Ermitteln Sie ein Konfidenzintervall auf Basis der realisierten Stichprobe mit Irrtumswahrscheinlichkeit $\alpha = 0.05$.

   c) Nehmen Sie weiterhin an, Sie würden $E(X)$ und $V(X)$ nicht kennen und auf Grundlage der Stichprobe (Aufgabe 2b) die Hypothese $H_0 : \mu_0 = 6.8$ mit Irrtumswahrscheinlichkeit $\alpha = 0.05$ testen. Zu welchem Urteil würden Sie gelangen?

   d) Wie beurteilen Sie das Ergebnis des Tests (Aufgabe 2c) in Anbetracht des tatsächlichen Inhalts der Kugelurne (Aufgabe 1)?

3. Aus einer Universität mit 4 Fachbereichen mit den Studentenzahlen 200, 800 und 1200 und 1800 sollen zunächst 2 Fachbereiche zufällig ausgewählt werden. Aus beiden gezogenen Fachbereichen sollen dann jeweils $q = 50$ Studenten zufällig ausgewählt und befragt werden.

   a) Erläutern Sie die Grundidee des PPS-Designs.

   b) Welche Ziehungswahrscheinlichkeiten der Fachbereiche müssen beim PPS-Design auf der ersten Stufen verwendet werden?

   c) Wie lauten die Inklusionswahrscheinlichkeiten auf der zweiten Stufe?

   d) Zeigen Sie, dass alle Studenten die gleiche gesamte Inklusionswahrscheinlichkeit haben.

   e) Es seien nun zufällig die Fachbereiche 1 und 4 gezogen worden und für die beiden Teilstichproben haben sich für die interessierende Variable $X$ die beiden Stichprobenmittelwerte $\mathrm{M}(X,S)_{FB1} = 100$ und $\mathrm{M}(X,S)_{FB4} = 120$ ergeben. Ermitteln Sie einen Schätzwert für den Mittelwert von $X$ für alle Studenten aller Fachbereiche.

4. Die Zufallsvariable $X$ sei exponentialverteilt

   $$X \sim \exp(\lambda)$$

   Die Dichtefunktion der Exponentialverteilung lautet

   $$f(x) = \lambda e^{-\lambda x} \text{ für } x \geq 0$$

   a) Ermitteln Sie für eine Stichprobe vom Umfang $n$ unabhängiger Realisationen von $X$ den Maximum Likelihood Schätzer für $\lambda$.

   b) Es sei nun $\lambda = 1$. Wie lautet $\Pr(X < 0.7)$?

## Klausur 3

1. [**20 Punkte**] Gehen Sie von einem Würfel mit $\mathcal{X} = \{1, 2, ..., 6\}$ aus, der jedoch nicht fair sein muss.

   a) [7] Entwickeln Sie eine Likelihoodfunktion zum Schätzen der Wahrscheinlichkeiten eines Würfels ausgehend von $n$ Würfen unter der Annahme, dass die Augenzahlen 1,...,4 mit der gleichen Wahrscheinlichkeit $\pi$ und die Augenzahlen 5 und 6 mit gleicher jedoch von $\pi$ unterschiedlicher Wahrscheinlichkeit auftreten können.

   b) [6] Bilden Sie die Ableitung der Loglikelihoodfunktion.

   c) [7] Finden Sie eine Formel zur Berechnung des ML-Schätzwerts für $\pi$.

2. [**20 Punkte**] In einer Kugelurne sind 5 rote und 3 schwarze Kugeln. Wie groß ist die Wahrscheinlichkeit, dass man bei 6 Ziehungen mit Zurücklegen

   a) [4] 3 rote Kugeln

   b) [4] höchstens eine rote Kugel

   c) [4] mindestens eine rote Kugel

   d) [4] drei schwarze Kugeln erhält?

   e) [4] Wenn Sie lediglich drei mal ohne Zurücklegen ziehen würden, wie hoch wäre dann die Wahrscheinlichkeit drei schwarze Kugeln zu ziehen?

3. [**20 Punkte**] Mit Hilfe eines Modells soll die Zahl der Arztbesuche $Y$ modelliert werden. Als erklärende Variablen werden das Alter $X$, das Geschlecht $F$ (mit $F = 0$ für Männer und $F = 1$ für Frauen), die Region $L$ (mit $L = 0$ für die alten Bundesländer und $L = 1$ für die neuen Bundesländer) verwendet. Als Verteilung wird die geometrische Verteilung gewählt

$$P(Y = y) = \delta \, (1 - \delta)^y$$

und der Verteilungsparameter $\delta$ wird von den erklärenden Variablen abhängig gemacht

$$\delta = \beta_0 + \beta_1\, f + \beta_2\, l + \beta_3\, f\, l + \beta_4\, x$$

Eine Schätzung hat folgende Parameterwerte ergeben:
$\hat{\beta}_0 = 0.5, \hat{\beta}_1 = -0.07, \hat{\beta}_2 = 0.03, \hat{\beta}_3 = 0.02, \hat{\beta}_4 = -0.002$.

Berechnen Sie die Wahrscheinlichkeit für

a) [7] drei Arztbesuche eines 30-jährigen Mannes in den alten Bundesländern.

b) [7] zwei Arztbesuche einer 25-jährigen Frau in den neuen Bundesländern.

c) [6] Nehmen Sie an, die Schätzung hat zudem ergeben $\hat{\sigma}(\hat{\beta}_3) = 0.04$. Berechnen Sie den p-Wert. Was würden Sie aus diesem Ergebnis statistisch und inhaltlich folgern?

4. [20 Punkte] Betrachten Sie die folgende Wertetabelle:

| $y$ | 1 | 1 | 2 | 4 | 5 | 6 | 6 |
|---|---|---|---|---|---|---|---|
| $x$ | 1 | 1 | 1 | 3 | 3 | 4 | 4 |

Die Schätzwerte der Parameter der folgenden Funktion

$$g(x_i; \alpha, \beta) = \alpha + \beta\, x_i$$

sind (gerundet) $\hat{\alpha} = -0.22$ und $\hat{\beta} = 1.56$.

a) [3] Ermitteln Sie die geschätzten Funktionswerte $\hat{y} = E(Y \mid X = x)$.

b) [6] Ermitteln Sie

$$d_{LS}(\alpha, \beta) = \sum_{i=1}^{n} \left( M(Y \mid X = x_i) - g(x_i; \alpha, \beta) \right)^2$$

c) [2] Was misst $d_{LS}(\alpha, \beta)$?

d) **[3]** Ermitteln Sie

$$d^*_{LS}(\alpha, \beta) = \sum_{i=1}^{n} (y_i - g(x_i; \alpha, \beta))^2$$

e) **[2]** Was misst $d^*_{LS}(\alpha, \beta)$?

f) **[2]** Berechnen Sie auch $d^*_{LS}(\alpha, \beta) - d_{LS}(\alpha, \beta)$.

g) **[2]** Was misst diese Differenz?

## Klausur 4

1. **[20 Punkte]** Es seien $X_1$ und $X_2$ zwei Zufallsvariablen, mit dem Wertebereich $\mathcal{X} = \{1, 2, 3\}$ und den Wahrscheinlichkeiten $P(X_1 = x) = P(X_2 = x) = 1/3$. $Y$ sei folgende Zufallsvariable:

$$Y = |X_1 - 0.5\, X_2|$$

   a) **[8]** Geben Sie die möglichen Werte von $Y$ und die Wahrscheinlichkeiten, mit denen diese Werte auftreten an.

   b) **[6]** Berechnen Sie $E(Y)$.

   c) **[6]** Berechnen Sie $Var(Y)$.

2. **[20 Punkte]** In einer Kugelurne sind 5 rote und 3 schwarze Kugeln. Aus der Urne soll eine Stichprobe vom Umfang $n = 225$ gezogen werden. Dazu wird die gezogene Kugel nach jedem Ziehen zurück in die Urne gelegt. Für eine rote Kugel gelte $X = 1$ und für eine schwarze Kugel $X = 0$.

   a) **[4]** Wie lauten der Erwartungswert und die Varianz des Stichprobenmittels $M(X, S)$?

   b) **[6]** Geben Sie das Intervall an, in dem das Stichprobenmittel $M(X, S)$ mit einer Wahrscheinlichkeit von 95% liegen wird.

   c) **[6]** Nehmen Sie an, Sie würden $E(X)$ und $V(X)$ nicht kennen. Eine Stichprobe vom Umfang $n = 225$ hat ergeben $\sum_{i=1}^{225} X = 130$. Ermitteln Sie ein Konfidenzintervall mit $\alpha = 0.05$ für $E(X)$.

   d) **[4]** Testen Sie die Hypothese $H_0 : E(X) = 5/8$ (zweiseitig) mit der in Teilaufgabe c. erhaltenen Stichprobe unter Verwendung eines Signifikanzniveaus von $\alpha = 5\%$. Vergleichen Sie dazu den Wert der Teststatistik mit dem kritischen Wert. Dieser kann in folgender Tabelle abgelesen werden, welche die Quantile verschiedener $t$-Verteilungen angibt. Dieser kann in folgender Tabelle abgelesen werden, welche die Quantile verschiedener t-Verteilungen angibt.

|        | x=0.9 | x=0.95 | x=0.975 | x=0.99 |
|---|---|---|---|---|
| df=5     | 1.476 | 2.015 | 2.571 | 3.365 |
| df=224   | 1.285 | 1.652 | 1.971 | 2.343 |
| df=10000 | 1.282 | 1.645 | 1.960 | 2.327 |

3. **[20 Punkte]** Gehen Sie von Grundgesamtheit $U = \{1, 2, 3, 4\}$ aus. Der Stichprobenraum $S_n$ der Stichproben vom Umfang $n = 3$ sei $s_1 = \{1, 2, 3\}$, $s_2 = \{1, 2, 4\}$ und $s_3 = \{1, 3, 4\}$. Die Wahrscheinlichkeiten der Stichproben seien $p_1 = 0.6$, $p_2 = 0.3$ und $p_3 = 0.1$. Die Merkmalswerte der vier Einheiten seien $x_1 = 1$, $x_2 = 3$, $x_3 = 4$, $x_4 = 22$.

   a) **[4]** Berechnen Sie die Inklusionswahrscheinlichkeiten $\pi_i$.

   b) **[2]** Berechnen Sie $M(X)$.

   c) **[9]** Verwenden Sie die Schätzfunktion

   $$M(X;\ S) = \frac{1}{N} \sum_{i=1}^{N} \frac{x_i}{\pi_i} I_i(S)$$

   und berechnen Sie die Schätzwerte $M(X;\ s)$ für die drei Stichproben.

   d) **[5]** Wie lautet der Erwartungswert der Schätzfunktion $M(X;\ S)$?

4. **[20 Punkte]** Betrachten Sie die folgende Wertetabelle:

   | $y$ | 1 | 2 | 2 | 4 | 5 | 6 | 6 |
   |---|---|---|---|---|---|---|---|
   | $x$ | 1 | 1 | 1 | 3 | 3 | 4 | 4 |

   a) **[8]** Ermitteln Sie die Schätzwerte der Parameter der folgenden Funktion
   $$g(x_i; \alpha, \beta) = \alpha + \beta\ x_i$$
   nach der Methode der kleinsten Quadrate.
   Hilfen: $\sum_i^n x_i^2 = 53$, $\sum_i^n x_i y_i = 80$, $\hat{\beta} = \frac{Cov(X,Y)}{Var(X)}$, $\hat{\alpha} = \bar{y} - \hat{\beta}\bar{x}$

b) [**4**] Ermitteln Sie die geschätzten Funktionswerte
   $\hat{y} = E(Y \mid X = x)$.

c) [**5**] Ermitteln Sie
$$d_{LS}(\alpha, \beta) = \sum_{i=1}^{n} \left( M(Y \mid X = x) - g(x_i; \alpha, \beta) \right)^2$$

d) [**3**] Was misst $d_{LS}(\alpha, \beta)$?

## Klausur 5

1. **[20 Punkte]** Gehen Sie von einer Kugelurne aus, die $R$ rote Kugeln und $W$ weiße Kugeln enthält. Das Ziehen einer roten Kugel $r$ wird als Erfolg ($X = 1$), das Ziehen einer weißen Kugel $w$ als Nicht-Erfolg ($X = 0$) betrachtet und es wird mit Zurücklegen gezogen.

   a) **[2]** Wie lautet die Erfolgswahrscheinlichkeit
   $$\pi = P(X = 1)?$$

   b) **[3]** Wie lautet die Wahrscheinlichkeit für die folgende Ziehung $r, w, w$?

   c) **[4]** Kugelurne A enthalte vier rote ($R = 4$) und sechs weiße ($W = 6$) Kugeln. Welche Wahrscheinlichkeit ($W_A$) hat die Ziehung $r, w, w$ bei Kugelurne A?

   d) **[4]** Kugelurne B enthalte zwei rote ($R = 2$) und vier weiße ($W = 4$) Kugeln. Welche Wahrscheinlichkeit ($W_B$) hat die Ziehung $r, w, w$ bei Kugelurne B?

   e) **[1]** Berechnen Sie das Verhältnis $W_A/W_B$.

   f) **[2]** Wenn Sie sich für eine der beiden Kugelurnen entscheiden müssten, aus welcher würden Sie vermuten, stammt die Ziehung $r, w, w$? Begründen Sie ihre Wahl.

   g) **[4]** Erläutern Sie kurz das allgemeine Prinzip, dass Sie ihrer Entscheidung zugrunde gelegt haben.

2. **[20 Punkte]** Gehen Sie von einem fairen Würfel aus:

   a) **[2]** Wie lautet die Wahrscheinlichkeit $P(X = 6)$?

   b) **[2]** Welche absolute Anzahl an Sechsen erwarten Sie bei $n = 900$ Würfen?

   c) **[2]** Wie lautet die Varianz des Anteils an Sechsen bei einem Wurf?

d) [3] Wie lautet die Standardabweichung des Anteils an Sechsen bei $n = 900$ Würfen?

e) [4] Wie lautet das symmetrische Intervall, mit dem der Anteil an Sechsen bei $n = 900$ Würfen mit einer Wahrscheinlichkeit von 95% zu liegen kommt?

f) [7] Gehen Sie nun davon aus, dass Sie nicht wissen, ob es sich bei dem Würfel um einen fairen handelt. Sie wollen hierfür die Hypothese $P(X = 6) = 0.2$ bei einer vorgegebenen Irrtumswahrscheinlichkeit von $\alpha = 0.05$ (zweiseitig) testen. ($n = 900$)
[4] Wie lautet die Standardabweichung, die Sie hier verwenden müssen, um den Verwerfungsbereich zu ermitteln?
[3] Wie lautet der Verwerfungsbereich?

3. [20 Punkte] Die Zahl der Arztbesuche $Y$ von Personen soll mit Hilfe der geometrischen Verteilung

$$P(Y = y) = \delta(1 - \delta)^y$$

modelliert werden.

a) [2] Wie lautet die Wahrscheinlichkeit für 0 Arztbesuche bei einem Parameterwert $\delta = 0.4$?

b) [2] Wie lautet die Wahrscheinlichkeit für 3 Arztbesuche bei einem Parameterwert $\delta = 0.3$?

c) [2] Die Likelihoodfunktion lautet

$$\prod_{i=1}^{n} \delta(1 - \delta)^{y_i}$$

Wie lautet die Loglikelihoodfunktion?

d) [3] Von 3 Personen liegen die folgenden Werte vor $y_1 = 1$, $y_2 = 4$, $y_3 = 1$. Berechnen Sie den Wert der Likelihoodfunktion unter Verwendung des Parameterwertes $\delta = 0.4$.

e) [1] Berechnen Sie auch den Wert der Loglikelihoodfunktion.

Der Parameter $\delta$ wird nun als lineare Funktion verschiedener Regressorvariablen dargestellt:

$$\delta = g(x, \beta_0, \beta_1, \beta_2, \beta_3)$$

mit $X_1$ : Geschlecht ($X_1 = 0$ für Männer, $X_1 = 1$ für Frauen), $X_2$ : Alter. Es wird folgendes Modell geschätzt

$$\delta = \beta_0 + \beta_1 x_1 + \beta_2 x_2 + \beta_3 x_1 x_2$$

f) [4] Erläutern Sie, wie sich dieses Modell von dem vorher betrachteten Modell unterscheidet. Erscheint Ihnen diese Erweiterung ökonomisch sinnvoll?

g) [3] In welchem speziellen Fall würden sich die beiden Modelle nicht unterscheiden?

h) [3] Als ML-Schätzwerte wurden folgende Parameterschätzwerte ermittelt:
$\hat{\beta}_0 = 0.8$, $\hat{\beta}_1 = -0.2$, $\hat{\beta}_2 = -0.02$, $\hat{\beta}_3 = 0.01$.
Ermitteln Sie für eine 35-jährige Frau den Verteilungsparameter $\delta$ und die Wahrscheinlichkeit für 2 Arztbesuche.

4. [20 Punkte] Betrachten Sie die folgenden Werte

| $x$ | 1 | 1 | 5 | 5 | 5 | 6 | 6 |
|---|---|---|---|---|---|---|---|
| $y$ | 2 | 2 | 3 | 4 | 5 | 8 | 10 |

a) [3] Ermitteln Sie die bedingten Mittelwerte $M(Y|X=x)$.

b) [5] Der Parameterschätzwert, der das Kriterium

$$d_{LS}(\theta) = \sum_{i=1}^{n} (M(Y|X=x_i) - g(x_i; \theta))^2$$

mit $g(x_i; \theta) = \alpha + \beta x_i$, wobei $\theta = (\alpha, \beta)'$

minimiert, lautet $\hat{\beta} = 1.0792$.
Wie lautet der numerische Schätzwert $\hat{\alpha}$?

c) [**3**] Ermitteln Sie die linear approximierten bedingten Erwartungswerte von $Y$.

d) [**3**] Ermitteln Sie die drei Abweichungen
$M(Y|X = x_1) - g(x_1)$, $M(Y|X = x_4) - g(x_4)$ und
$M(Y|X = x_6) - g(x_6)$.

e) [**6**] Ermitteln Sie das Kriterium

$$d_{LS}(\theta) = \sum_{i=1}^{n} \left(M(Y|X = x_i) - g(x_i; \theta)\right)^2$$

## Klausur 6

1. **[20 Punkte]** Gehen Sie von einer Kugelurne aus, die 500 Kugeln mit der Zahl 1, 350 Kugeln mit der Zahl 4 und 150 Kugeln mit der Zahl 9 enthält. $X$ sei die Zahl auf einer zufällig aus der Urne gezogenen Kugel.

   a) **[5]** Wie lauten die folgenden Wahrscheinlichkeiten?

   $P(X = 1);\ P(X = 4);\ P(X = 9);\ P(X < 6);\ P(X \geq 2)$

   b) **[3]** Berechnen Sie $E(X)$.

   c) **[4]** Berechnen Sie $Var(X)$.

   d) **[4]** Sei $Y = \sqrt{x}$. Wie lautet $E(Y)$?

   e) **[4]** Berechnen Sie $Var(Y)$.

2. **[20 Punkte]** Betrachten Sie eine Grundgesamtheit $\mathcal{U}$ des Umfangs $N$ aus der eine Stichprobe vom Umfang $n$ gezogen werden soll. Der Stichprobenraum sei $\mathcal{S}_n$ und die Wahrscheinlichkeiten der Stichproben seien $P(S = s)$. Die Inklusionswahrscheinlichkeiten der Elemente seien $\pi_i$. $M(X)$ sei der Mittelwert der Grundgesamtheit. Eine Schätzfunktion für das Grundgesamtheitsmittel ist

$$M(X; S) = \frac{1}{n} \sum_{i=1}^{N} x_i\, I_i(S)$$

   a) **[3]** Geben Sie für $x_i$, $\pi_i$ und $I_i(S)$ an, ob diese fix oder zufällig sind.

   b) **[1]** Welche Ausprägungen kann $I_i(S)$ annehmen?

   c) **[2]** Nehmen Sie an, $s_1$ sei eine Stichprobe, die das Element $i$ enthält und $s_2$ eine Stichprobe, die das Element $i$ nicht enthält. Wie lauten $I_i(s_1)$ und $I_i(s_2)$?

   d) **[2]** Wie lautet im Fall der einfachen Zufallsauswahl die für alle Einheiten identische Inklusionswahrscheinlichkeit?

e) **[3]** Ermitteln Sie $E(I_i(S))$.

f) **[9]** Zeigen Sie, dass die Schätzfunktion für das Grundgesamtheitsmittel bei einfacher Zufallsauswahl erwartungstreu ist.

3. **[20 Punkte]** Betrachten Sie die folgenden Werte

    | $x$ | 1 | 1 | 5 | 5 | 5 | 6 | 6 |
    |---|---|---|---|---|---|---|---|
    | $y$ | 2 | 2 | 3 | 4 | 5 | 8 | 10 |

    a) **[3]** Ermitteln Sie die bedingten Mittelwerte $M(Y|X=x)$.

    b) **[3]** Ermitteln Sie die bedingten Varianzen $Var(Y|X=x)$.

    c) **[7]** Ermitteln Sie die numerischen Schätzwerte $\hat{\alpha}$ und $\hat{\beta}$, die das folgende Kriterium minimieren

    $$d^*_{LS}(\theta) = \sum_{i=1}^{n} (y_i - g(x_i; \theta))^2,$$

    wenn Sie $g(x_i; \theta) = \alpha + \beta x_i$ wählen.
    (Hilfe: $\sum_{i=1}^{n} x_i y_i = 172$; $\sum_{i=1}^{n} x_i^2 = 149$)

    d) **[7]** Zeigen Sie numerisch, dass gilt:

    $$d^*_{LS}(\theta) = d_{LS}(\theta) + \sum_{i=1}^{n} V(Y|X=x_i)$$

    (Falls Sie die vorherige Aufgabe nicht lösen konnten, wählen Sie $\hat{\alpha} = 0.5$ und $\hat{\beta} = 1$.)

4. **[20 Punkte]** Die Zahl der Arztbesuche von Personen soll mit Hilfe der geometrischen Verteilung

$$P(Y=y) = \delta(1-\delta)^y$$

modelliert werden.

a) **[3]** Von 4 Personen liegen die folgenden Werte vor $y_1 = 0$, $y_2 = 0$, $y_3 = 3$, $y_4 = 1$. Nehmen Sie an, dass $\delta = 0.4$. Berechnen Sie den Wert der Likelihood.

b) **[1]** Wie lautet der Wert der Loglikelihoodfunktion?

Der Parameter $\delta$ wird nun als lineare Funktion verschiedener Regressorvariablen dargestellt:

$$\delta = g(x, \beta_0, \beta_1, \beta_2, \beta_3),$$

mit $X_1$ : Geschlecht ($X_1 = 0$ für Männer, $X_1 = 1$ für Frauen), $X_2$ : Alter. Es wird folgendes Modell geschätzt:

$$\delta = \beta_0 + \beta_1 X_1 + \beta_2 X_2 + \beta_3 X_1 X_2.$$

c) **[3]** Wie lautet das Modell mit altersabhängigem Parameter $\delta$ für Männer?

d) **[3]** Wie lautet das Modell mit altersabhängigem Parameter $\delta$ für Frauen?

Die ML-Schätzwerte für die Parameter lauten: $\hat{\beta}_0 = 0.85$, $\hat{\beta}_1 = -0.08$, $\hat{\beta}_2 = -0.02$, $\hat{\beta}_3 = 0.01$.

e) **[2]** Wie lautet der Parameter $\delta$ für einen 33-jährigen Mann?

f) **[3]** Wie lautet die Wahrscheinlichkeit für drei Arztbesuche eines 33-jährigen Mannes?

g) **[2]** Wie lautet der Parameter $\delta$ für eine 54-jährige Frau?

h) **[3]** Wie lautet die Wahrscheinlichkeit für zwei Arztbesuche einer 54-jährigen Frau?

# Lösungshinweise

## Kapitel 1

**1.** a) Je 16 Kugeln mit den Zahlen 1 bis 5, 20 Kugeln mit der Zahl 6.

b) 0.36

c) Wahrscheinlichkeits- und Verteilungsfunktion von $X$:

| $x$ | $f(x) = \Pr(X = x)$ | $F(x) = \Pr(X \leq x)$ |
|---|---|---|
| 1 | 0.16 | 0.16 |
| 2 | 0.16 | 0.32 |
| 3 | 0.16 | 0.48 |
| 4 | 0.16 | 0.64 |
| 5 | 0.16 | 0.80 |
| 6 | 0.20 | 1 |

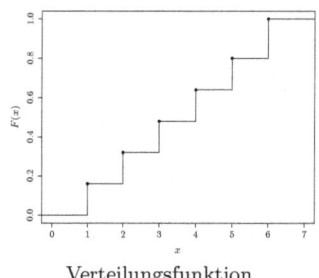

Verteilungsfunktion.

d) $E(X) = 3.6$ und $Var(X) = 3.04$

**2.** a) + b) Wertebereich von $X$: $\mathcal{X} = \{1, 2, 3, 4, 5, 6\}$

Wertebereich und Wahrscheinlichkeitsfunktion von $Y$.

| $x$ | $y$ | $f(y) = \Pr(Y=y)$ | $y$ | $f(y) = \Pr(Y=y)$ |
|---|---|---|---|---|
| 1 | 16 | $\frac{1}{6}$ | 4 | $\frac{1}{6}$ |
| 2 | 25 | $\frac{1}{6}$ | 1 | $\frac{1}{6}$ |
| 3 | 36 | $\frac{1}{6}$ | 0 | $\frac{1}{6}$ |
| 4 | 49 | $\frac{1}{6}$ | 1 | $\frac{1}{6}$ |
| 5 | 64 | $\frac{1}{6}$ | 4 | $\frac{1}{6}$ |
| 6 | 81 | $\frac{1}{6}$ | 9 | $\frac{1}{6}$ |

**3.** a) + b) Wertebereich von $X_1$: $\mathcal{X} = \{1,2,3,4,5,6\}$, Wertebereich von $X_2$: $\mathcal{X} = \{1,2,3,4,5,6\}$

Wertebereich und Wahrscheinlichkeitsfunktion von $Y$.

| $y$ | $f(y) = \Pr(Y=y)$ | $y$ | $f(y) = \Pr(Y=y)$ |
|---|---|---|---|
| 2 | $\frac{1}{36}$ | 0 | $\frac{6}{36}$ |
| 3 | $\frac{2}{36}$ | 1 | $\frac{10}{36}$ |
| 4 | $\frac{3}{36}$ | 2 | $\frac{8}{36}$ |
| 5 | $\frac{4}{36}$ | 3 | $\frac{6}{36}$ |
| 6 | $\frac{5}{36}$ | 4 | $\frac{4}{36}$ |
| 7 | $\frac{6}{36}$ | 5 | $\frac{2}{36}$ |
| 8 | $\frac{5}{36}$ | | |
| 9 | $\frac{4}{36}$ | | |
| 10 | $\frac{3}{36}$ | | |
| 11 | $\frac{2}{36}$ | | |
| 12 | $\frac{1}{36}$ | | |

**4.** a) $\operatorname{Var}(X) = \operatorname{E}\left[(X - \operatorname{E}(X))^2\right]$
$= \operatorname{E}\left[X^2\right] + \operatorname{E}\left[\operatorname{E}(X)^2\right] - 2\operatorname{E}\left[X\operatorname{E}(X)\right] = \operatorname{E}\left[X^2\right] - \operatorname{E}(X)^2$

b) $\operatorname{Var}(aX) = \operatorname{E}\left[(aX - \operatorname{E}(aX))^2\right] = \operatorname{E}\left[a^2\left(X - \operatorname{E}(X)\right)^2\right]$
$= a^2 \operatorname{E}\left[(X - \operatorname{E}(X))^2\right] = a^2 \operatorname{Var}(X)$

**5.** a) Die Dichtefunktion von $X$ hat die Form

$$f(x) = \begin{cases} 1 & \text{wenn } 0 \le x \le 1, \\ 0 & \text{andernfalls.} \end{cases}$$

**Verteilungsfunktion:**

$$F(x) = \Pr(X \le x) = \int_{-\infty}^{x} f(u)\,\mathrm{d}u$$

b) Darstellung der Verteilungsfunktion

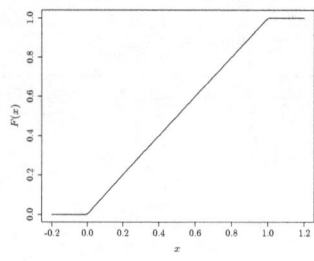

Verteilungsfunktion.

c) $E(X) = 0.5$ und $Var(X) = \frac{1}{12}$

**6.** a) $m = 5$

Wertebereich und Wahrscheinlichkeitsfunktion von $Y$.

| Z    | 1   | 2   | 3   | 4   | 5   |
|------|-----|-----|-----|-----|-----|
| Y    | 0.2 | 0.4 | 0.6 | 0.8 | 1   |
| $f(y)$ | 0.2 | 0.2 | 0.2 | 0.2 | 0.2 |
| $F(y)$ | 0.2 | 0.4 | 0.6 | 0.8 | 1   |

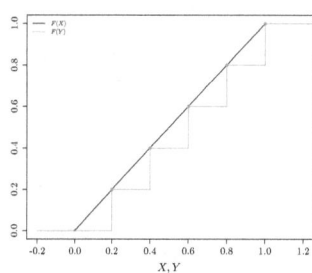

Vergleich der Verteilungsfunktionen von $X$ und $Y$.

b) $m = 10$

Wertebereich und Wahrscheinlichkeitsfunktion von $Y$.

| $Z$ | 1 | 2 | 3 | 4 | 5 | 6 | 7 | 8 | 9 | 10 |
|---|---|---|---|---|---|---|---|---|---|---|
| $Y$ | 0.1 | 0.2 | 0.3 | 0.4 | 0.5 | 0.6 | 0.7 | 0.8 | 0.9 | 1 |
| $f(y)$ | 0.1 | 0.1 | 0.1 | 0.1 | 0.1 | 0.1 | 0.1 | 0.1 | 0.1 | 0.1 |
| $F(y)$ | 0.1 | 0.2 | 0.3 | 0.4 | 0.5 | 0.6 | 0.7 | 0.8 | 0.9 | 1 |

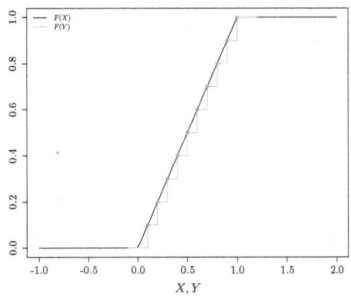

Vergleich der Verteilungsfunktionen von $X$ und $Y$.

Für sehr großes $m$ ähnelt sich die Verteilungsfunktion von $Y$ dieser von $X$.

**7.** Dichtefunktionen

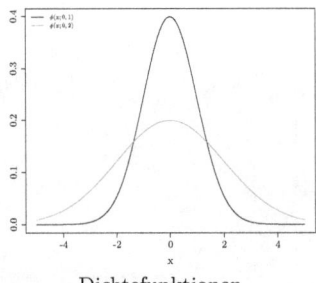

Dichtefunktionen.

Lösungshinweise

**8.**
$$Y = \begin{cases} 1 & \text{wenn} \quad 0 \leq X \leq 0.16, \\ 2 & \text{wenn} \quad 0.16 \leq X < 0.32, \\ 3 & \text{wenn} \quad 0.32 \leq X < 0.48, \\ 4 & \text{wenn} \quad 0.48 \leq X < 0.64, \\ 5 & \text{wenn} \quad 0.64 \leq X < 0.80, \\ 6 & \text{wenn} \quad 0.80 \leq X \leq 1. \end{cases}$$

## Kapitel 2

1. Stichprobenraum: $\{1,1,1,1,1\},\{2,1,1,1,1\},\{1,2,1,1,1\},\ldots,\{3,3,3,3,3\}$

   Anzahl mögl. Ziehungen: $m^n = 3^5$

2. $\frac{\partial \frac{\partial l}{\partial \pi}}{\pi} = \frac{\partial \left( \frac{s}{\pi} - \frac{n-s}{1-\pi} \right)}{\partial \pi} = -s\pi^{-2} - (n-s)(\pi-1)^{-2} < 0$

   Beide Summanden sind negativ.

3. a) $L(\pi) = \prod_{i=1}^{n} f(z_i; \pi) = \prod_{i=1}^{n} (1-\pi)^{z_i - 1} \pi$

   b) $\ell(\pi) = \log(\prod_{i=1}^{n} (1-\pi)^{z_i - 1} \pi) = \sum_{i=1}^{n} (z_i - 1) \log(1-\pi) + \log(\pi)$

   c) Ableiten der Loglikelihood und Nullsetzen der ersten Ableitung führt zu: $\hat{\pi} = \frac{n}{n+s}$

4. a) $\pi$ ist W. für 1 bis 5, $1 - 5\pi$ ist W. für 6

   $$L = (\pi)^{(n-n_6)} (1 - 5\pi)^{n_6}$$
   $$\ell = (n - n_6) \log(\pi) + n_6 \log(1 - 5\pi)$$

   b) $\frac{\partial l}{\partial \pi} = \frac{1}{\pi(5\pi - 1)} (n_6 - n + 5n\pi)$

   c) $\hat{\pi} = \frac{n - n_6}{5n}$

## Kapitel 3

1. Siehe Abschnitt 3.6.

2. a) $\binom{5}{2} = 10$ und $\binom{10}{2} = 45$

   b) $\{12\}, \{13\}, \{14\}, \{15\}, \{23\}, \{24\}, \{25\}, \{34\}, \{35\}, \{45\}$

3. a) $\Pr(X = 6) = 0.2001$

   b) $\Pr(X = 7) = 0.2668$

   c) $\Pr(X = 8) = 0.2335$

4. $\Phi(2.576) = 0.995$ und $t_{49, 0.995} = 2.68$
   Grenzen, wenn Varianz bekannt: $0.22; 1.678$
   Grenzen, wenn Varianz unbekannt: $0.126; 1.772$

## Kapitel 4

1. Approximation mit NV: $c_u = 0.39043$ und $c_o = 0.79204$; Werte aus der Verteilungsfunktion der Binomialverteilung: $c_u = 0.25$ und $c_o = 0.9$

2. $D = 2 \cdot (-1777.5 + 1791.8) = 28.6;\ \chi^2_{\text{df}=5, p=0.95} = 11.071$

3. $n = 50 : l_0 = 50 \cdot \ln\left(\frac{1}{6}\right) = -89.588$
   $n = 500 : l_0 = 500 \cdot \ln\left(\frac{1}{6}\right) = -895.88$
   $n = 1000 : l_0 = 1000 \cdot \ln\left(\frac{1}{6}\right) = -1791.8$

4. $n = 50 : l_0 = -89.588;\ D = 2 \cdot (-89.398 + 89.588) = 0.38$
   $n = 500 : l_0 = -895.88;\ D = 2 \cdot (-891.80 + 895.88) = 8.16$
   $n = 1000 : l_0 = -1791.8;\ D = 2 \cdot (-1778.9 + 1791.8) = 25.8$
   $\chi^2_{\text{df}=1, p=0.95} = 3.841$

Lösungshinweise 211

**5.** a) Loglikelihood mit $\hat{\mu}$ und $\hat{\sigma}^2$ versus Loglikelihood mit $\mu = 0$ und $\sigma^2 = 1$

b) $n = 50 : D = 0.917$; $n = 500 : D = 9.255$; $n = 1000 : D = 15.187$

## Kapitel 5

**1.** Inklusionswahrscheinlichkeiten

$$\pi_1 = \sum_{s \ni 1} p_s = p_1 + p_2 = \frac{2}{3}, \quad \pi_2 = \sum_{s \ni 2} p_s = p_1 + p_3 = \frac{2}{3},$$

$$\pi_3 = \sum_{s \ni 3} p_s = p_2 = \frac{1}{3}, \quad \pi_4 = \sum_{s \ni 4} p_s = p_3 = \frac{1}{3}$$

Ziehungswahrscheinlichkeiten

$$\frac{\pi_1}{n} = \frac{2}{6}; \ \frac{\pi_2}{n} = \frac{2}{6}; \ \frac{\pi_3}{n} = \frac{1}{6}; \ \frac{\pi_4}{n} = \frac{1}{6}$$

**2.** $\binom{5}{3} = 10$; $\{1,2,3\}$, $\{1,2,4\}$, $\{1,2,5\}$, $\{1,3,4\}$, $\{1,3,5\}$, $\{1,4,5\}$, $\{2,3,4\}$, $\{2,3,5\}$, $\{2,4,5\}$, $\{3,4,5\}$

**3.** $1/\binom{20}{5} = 1/15\,504$

**4.** a) $k$

b) Keine einfache Zufallsauswahl, obwohl alle $k$ Stichproben die gleiche Wahrscheinlichkeit $1/k$ haben.

c) Jedes $i$ ist in genau einer der $k$ Stichproben enthalten, daher ist $\pi_i = 1/k$.

d) $1/(kn)$

e) Erwartungstreu, vgl. (5.14) und $\pi_i = n/N$.

**5.** $P(X = x) = \frac{1}{N}\sum_{i=1}^{N} I\,[X = x] = \frac{n_j}{N}$; $n_j$ ist Anzahl der Einheiten mit der Ausprägung $\tilde{x}_j = x$.

**6.** [0.5703; 0.8097]

## Kapitel 6

1. a) $\binom{10000}{100}\binom{2000}{100}$

   b) Inkl.w. $\pi_1 = 1/\binom{10000}{100}$ $\pi_2 = 1/\binom{2000}{100}$
   Ziehungsw. $\frac{\pi_1}{100}$ $\frac{\pi_2}{100}$ $1 \in U_1; 2 \in U_2$

2. a) Erste Stufe

   $$\frac{N_1}{N} = \frac{50}{350} = \frac{1}{7}; \frac{N_2}{N} = \frac{60}{350} = \frac{6}{35}$$
   $$\frac{N_3}{N} = \frac{70}{350} = \frac{1}{5}; \frac{N_4}{N} = \frac{80}{350} = \frac{8}{35}$$
   $$\frac{N_5}{N} = \frac{90}{350} = \frac{9}{35}$$

   b) Inklusionswahrscheinlichkeiten
   Erste Stufe

   $\pi_j^{(1)} = \frac{m N_j}{N}$, $\pi_1^{(1)} = 0.286$, $\pi_2^{(1)} = 0.343$, $\pi_3^{(1)} = 0.4$,
   $\pi_4^{(1)} = 0.457$, $\pi_5^{(1)} = 0.514$

   Zweite Stufe

   $\pi_i^{(2)} = \frac{q}{N_j}$, $\pi_1^{(2)} = 0.4$, $\pi_2^{(2)} = 0.333$, $\pi_3^{(2)} = 0.286$,
   $\pi_4^{(2)} = 0.25$, $\pi_5^{(2)} = 0.222$

   Insgesamt

   $$\pi_i = \pi_j^{(1)} \pi_i^{(2)} = \frac{mN_j}{N} \frac{q}{N_j} = \frac{mq}{N} = \frac{n}{N}$$
   $$\pi_1 = \pi_1^{(1)} \pi_1^{(2)} = \pi_2 = \pi_2^{(1)} \pi_2^{(2)} = \pi_3 = \pi_3^{(1)} \pi_3^{(2)}$$
   $$= \pi_4 = \pi_4^{(1)} \pi_4^{(2)} = \pi_5 = \pi_5^{(1)} \pi_5^{(2)} = \frac{4}{35} = 0.114$$

3. Gleiche Inklusionswahrscheinlichkeiten, daher ist eine Gewichtung unnötig.

4. a) $P(X = 1) = P(X = 1|U_1)\frac{N_1}{N} + P(X = 1|U_2)\frac{N_2}{N} = 0.55$

   b) $M(X; s) = \frac{1}{2}(M(X; s_1) + M(X; s_2)) = 0.45$
   $M_w(X; s) = M(X; s_1)\frac{N_1}{N} + M(X; s_2)\frac{N_2}{N} = 0.55$

Lösungshinweise 213

## Kapitel 7

1. Saturiertes Modell: $m - 1$ Parameter. Theoretische Verteilung: höchstens $m - 2$ Parameter, sonst keine Reduzierung der Parameterzahl.

2. $$\frac{\partial l(\delta)}{\partial \delta} = \sum_{j \in J} n_j \frac{1}{\delta (1-\delta)^j} \left( (1-\delta)^j - \delta j (1-\delta)^{j-1} \right)$$

$$\delta = \frac{n}{n\bar{x} + n} = \frac{1}{\bar{x} + 1}$$

3. $$\frac{\partial \Phi\left(\frac{\log(x)-\mu}{\sigma}\right)}{\partial x} = \frac{\phi\left(\frac{\log(x)-\mu}{\sigma}\right)}{\sigma x} = \frac{1}{\sigma x \sqrt{2\pi}} e^{-\frac{1}{2}\left(\frac{\log(x)-\mu}{\sigma}\right)^2}$$

4. Alte BL: $\mathrm{E}(X) = 1870.7$ $\mathrm{Var}(X) = 2.4948 \times 10^6$,
Neue BL: $\mathrm{E}(X) = 1442.6$ $\mathrm{Var}(X) = 8.4614 \times 10^5$

5. Vergleich von saturiertem Modell und Lognormalverteilung;
$D = 2 \cdot (-5906.07 - (-6002.99)) = 193.84$,
$\chi^2_{\mathrm{df}=21-1-2=18, 1-\alpha=0.95} = 28.87$

6. $\delta (1-\delta)^j$;
Nur für den Spezialfall $\delta_1 = \delta_2 = \delta$ gilt
$$a\delta_1 (1-\delta_1)^j + (1-a)\delta_2 (1-\delta_2)^j = \delta (1-\delta)^j,$$
sonst
$$a\delta_1 (1-\delta_1)^j + \delta_2 (1-\delta_2)^j - a\delta_2 (1-\delta_2)^j \neq \delta (1-\delta)^j.$$

## Kapitel 8

1. $x = -3 : 0.0474$; $x = -2 : 0.1192$; $x = -1 : 0.2689$; $x = 0 : 0.5$; $x = 1 : 0.7311$; $x = 2 : 0.8808$; $x = 3 : 0.9526$

2. $\Pr(Y = 1 | X = x) = 0.306 + 0.469x$

$\Pr(Y = 1 | X = 1) = 0.775$, $\Pr(Y = 1 | X = 0) = 0.306$

$$\Pr(Y = 1 | X = x) = \frac{\exp(2.0559x - 0.8167)}{1 + \exp(2.0559x - 0.8167)}$$

$\Pr(Y = 1 | X = 1) = 0.77542$, $\Pr(Y = 1 | X = 0) = 0.30646$

**3.** $p_{\hat{\alpha}} = 3 \cdot 10^{-6}; p_{\hat{\beta}} = 9.2 \cdot 10^{-7}$
$p_{\hat{\gamma}} = 1.52 \cdot 10^{-6}; p_{\hat{\delta}} = 1.46 \cdot 10^{-6}$

# Kapitel 9

**1.** $E(Y|X = x, F = 0) = \frac{1}{0.5165 - 0.0028x} - 1$
$E(Y|X = 20, F = 0) = 1.1716; \quad E(Y|X = 40, F = 0) = 1.4721;$
$E(Y|X = 60, F = 0) = 1.8694; \quad E(Y|X = 80, F = 0) = 2.4188;$
$E(Y|X = x, F = 1) = \frac{1}{0.5165 - 0.0028x - 0.0750} - 1$
$E(Y|X = 20, F = 1) = 1.594; \quad E(Y|X = 40, F = 1) = 2.0349;$
$E(Y|X = 60, F = 1) = 2.6563; \quad E(Y|X = 80, F = 1) = 3.5977$

**2.** (9.7): $E(Y|X = x) = \frac{1}{0.4745 - 0.0028x} - 1$
$E(Y|X = 30) = 1.5608; \quad E(Y|X = 70) = 2.5907$
(9.12): $E(Y|X = x) = 0.7331 + 0.0268x$
$E(Y|X = 30) = 1.5371; \quad E(Y|X = 70) = 2.6091$

**3.** $P(Y = 1|L = 0, F = 1) = 1 - P(Y = 2|L = 0, F = 1)$
$- P(Y = 3|L = 0, F = 1) - P(Y = 4|L = 0, F = 1)$

**4.** $P(Y = 3|L = 0, F = 0) = Pr(Y = 3|L = 0, F = 0) = 0.0711$

**5.** $D = 2 \cdot (-3503.81 - (-3526.63)) = 45.64$
$\chi^2_{df=3, 1-\alpha=0.95} = 7.81$

# Kapitel 10

**1.** $D = 2 \cdot (-8852.16 - (-8868.27)) = 32.22$
$\chi^2_{df=1, 1-\alpha=0.95} = 3.84$

**2.** $d(x = 2000|L = 0, F = 1) = 2.0053 \times 10^{-4}$
$d(x = 2000|L = 1, F = 1) = 1.948 \times 10^{-4}$
$d(x = 2000|L = 0, F = 0) = 3.0515 \times 10^{-4}$
$d(x = 2000|L = 1, F = 0) = 2.5816 \times 10^{-4}$

Lösungshinweise

**3.** $E(Y|L=1, F=1, S_2=1) = 1271$

**4.** a) $t = -0.126 \quad p = 0.900$

b) $D = 2 \cdot (-5587.79 - (-5661.96)) = 148.34$
$\chi^2_{\text{df}=3, 1-\alpha=0.95} = 7.81$

c)
$$r(t; \kappa, \mu, \sigma) = \frac{\kappa}{\sigma t} \phi\left(\frac{\log(t) - \mu}{\sigma}\right)$$
$$= 0.31645 \cdot \phi(-0.57815) = 0.107$$

**5.** $D = 2 \cdot (-5586.31 - (-5587.79)) = 2.96$
$\chi^2_{\text{df}=3, 1-\alpha=0.95} = 7.81$

# Kapitel 11

**1.** a) $M(Y|X=1) = 1.1667$; $M(Y|X=2) = 1.5$;
$M(Y|X=4) = 1.7$

b) $\text{Var}(Y|X=1) = 0.3889$; $\text{Var}(Y|X=2) = 0.25$;
$\text{Var}(Y|X=4) = 0.2467$

**2.** a) $\hat{y}_1 = \hat{y}_2 = \hat{y}_3 = 1.2171$; $\hat{y}_4 = \hat{y}_5 = 1.3865$;
$\hat{y}_6 = \hat{y}_7 = \hat{y}_8 = 1.7253$
$d_{LS}(\theta) = 0.0353; \quad d^*_{LS}(\theta) = 2.4420$

b) $\sum_{i=1}^{n} V(Y|X=x_i) = 2.4068$
$\sum_{i=1}^{n} V(Y|X=x_i)$ ist die Streuung der $Y$–Werte um die bedingten Mittelwerte.

**3.** $\hat{\hat{\theta}} - \theta^* = (\mathbf{X}'\mathbf{X})^{-1}\mathbf{X}'\mathbf{Y} - \theta^* = (\mathbf{X}'\mathbf{X})^{-1}\mathbf{X}'(\mathbf{X}\theta^* + \mathbf{U}) - \theta^*$
$= \theta^* + (\mathbf{X}'\mathbf{X})^{-1}\mathbf{X}'\mathbf{U} - \theta^* = (\mathbf{X}'\mathbf{X})^{-1}\mathbf{X}'\mathbf{U}$

**4.** $[\hat{\alpha} \pm 1.96 \cdot \hat{\sigma}(\hat{\alpha})] = [-0.2633;\ 1.0765]$
$[\hat{\beta} \pm 1.96 \cdot \hat{\sigma}(\hat{\beta})] = [0.0145;\ 0.0385]$
$[\hat{\gamma} \pm 1.96 \cdot \hat{\sigma}(\hat{\gamma})] = [0.2847;\ 1.0985]$
Eine Wahrscheinlichkeitsaussage ist über das unbestimmte Intervall mit zufälligen Grenzen möglich. Für ein konkretes numerisches Intervall ist eine Wahrscheinlichkeitsaussage nicht sinnvoll.

**5.** Mit den Ergebnissen aus (9.6) :
$\hat{y}_i = \frac{1}{0.4745 - x_i \cdot 0.0028} - 1$
$\hat{y}_1 = 1.3895; \quad \hat{y}_2 = 1.9895; \quad \hat{y}_3 = 2.992$

Mit den Ergebnissen aus (11.37) :
$\hat{y}_i = \frac{1}{0.4633 - x_i \cdot 0.0026} - 1$
$\hat{y}_1 = 1.4313; \quad \hat{y}_2 = 2.0003; \quad \hat{y}_3 = 2.9170$

# Probeklausuren

## Klausur 1

**1.** a)

| $x$ | $f$ |
|---|---|
| 1 | 0.1 |
| 2 | 0.3 |
| 3 | 0.6 |

b) $E(X) = 2.5$

c) $Var(X) = E(X^2) - E(X)^2 = 0.45$

d) $S$ ist die Anzahl Erfolge bei $n = 20$ Ziehungen, $\pi = 0.6$ ist die Erfolgswahrscheinlichkeit bei jedem Zug.
$Pr(S = 12) = 0.1797$

e) $Pr(S \leq 17) = 1 - Pr(S \geq 18) = 0.9964$

**2.** a) $\pi = 0.6$; $\sigma = 0.03098$
$[\pi \pm u_{1-\alpha/2}\sigma] = [0.5393;\ 0.6607]$

b) $\mu_0 = 0.55$; $\hat{\mu} = 0.6083$; $\sigma_{\hat{\mu}} = 0.0454$
$[\pi_0 \pm u_{1-\alpha/2}\sigma_{\hat{\mu}}] = [0.4753;\ 0.6247]$
Der Anteil der Stichprobe liegt nicht im Verwerfungsbereich, so dass $H_0 : \mu_0 = 0.55$ beibehalten wird.

c) Es wird irrtümlich die falsche Hypothese $H_0 : \mu_0 = 0.55$ beibehalten (Fehler zweiter Art).

**3.** a) $\pi_1 = 0.9$; $\pi_2 = 0.3$; $\pi_3 = 0.5$; $\pi_4 = 0.3$

b) $E(M(X;S)) = 4$; $M(X;U) = 5$

**4.** a)

| $\hat{y}$ | 0.883 | 4.413 | 4.413 | 4.413 | 7.943 | 7.943 |
|---|---|---|---|---|---|---|
| $x$ | 2 | 4 | 4 | 4 | 6 | 6 |

b) $\operatorname{M}(Y|X=2) = 1$; $\operatorname{M}(Y|X=4) = \frac{13}{3}$; $\operatorname{M}(Y|X=6) = 8$

$d_{LS}(\alpha,\beta) = 0.03923$; $d_{LS}(\alpha,\beta)$ misst die Streuung der empirischen auf $X = x$ bedingten Mittelwerte um die Regressionswerte.

c) $d^*_{LS}(\alpha,\beta) = 2.7059$; $d^*_{LS}(\alpha,\beta)$ misst die Streuung der individuellen $Y$-Werte um die Regressionswerte.

d) $d^*_{LS}(\alpha,\beta) - d_{LS}(\alpha,\beta) = \sum_{i=1}^n \operatorname{V}(Y|X=x_i) = 2.667$

$\sum_{i=1}^n \operatorname{V}(Y|X=x_i)$ misst die Streuung der individuellen $Y$-Werte um die auf $X = x$ bedingten Mittelwerte von $Y$.

## Klausur 2

**1.** a)

| $x$ | $f$ | $F$ |
|---|---|---|
| 1 | 0.1 | 0.1 |
| 3 | 0.15 | 0.25 |
| 5 | 0.25 | 0.5 |
| 10 | 0.5 | 1 |

b) $E(X) = 6.8$

c) $E\left[(X - E(X))^2\right] = E\left[X^2 + E(X)^2 - 2XE(X)\right]$
$= E(X^2) + E(X)^2 - 2E(X)E(X)$
$= E(X^2) + E(X)^2 - 2E(X)^2 = E(X^2) - E(X)^2$

d) $V(X) = E(X^2) - E(X)^2 = 11.46$

e) $E(Y) = E(2 + 0.5X) = 2 + 0.5E(X) = 5.4$
$V(Y) = V(2 + 0.5X) = V(0.5X) = 0.5^2 V(X) = 2.865$

**2.** a) $\mu = 6.8$;   $V(M(X,S)) = 0.0764$;   $\sigma_{\bar{X}} = 0.27641$
$[\mu \pm u_{1-\alpha/2}\sigma_{\bar{X}}] = [6.3453;\ 7.2547]$

b) $\hat{\mu} = 6.92$;   $\hat{\sigma}_{\bar{X}} = 0.3428$
$[\hat{\mu} \pm u_{1-\alpha/2}\hat{\sigma}_{\bar{X}}] = [6.2481;\ 7.5919]$

c) Da $\mu_0$ im Intervall um $\hat{\mu}$ liegt, liegt auch $\hat{\mu}$ im Nicht-Verwerfungsbereich um $\mu_0$ beim Test. Daher wird die Hypothese beibehalten.

d) Da $\mu = \mu_0 = 6.8$, wurde die gültige Hypothese richtigerweise beibehalten (weder Fehler 1. noch 2. Art).

**3.** a) Beim PPS-Design resultieren für alle Einheiten (hier Studenten) identische Ziehungswahrscheinlichkeiten. Ziehungswahrscheinlichkeiten auf der ersten Stufe sind proportional zur Größe der Teilgesamtheiten. Ziehung der gleichen Zahl an Einheiten aus den Teilgesamtheiten auf der zweiten Stufe.

b) Erste Stufe
$$\pi_1^{(1)} = \frac{N_1}{N} = \frac{1}{20}; \pi_2^{(1)} = \frac{N_2}{N} = \frac{1}{5}$$
$$\pi_3^{(1)} = \frac{N_3}{N} = \frac{3}{10}; \pi_4^{(1)} = \frac{N_4}{N} = \frac{9}{20}$$

c) Zweite Stufe
$$\pi_1^{(2)} = \frac{q}{N_1} = \frac{1}{4}; \pi_2^{(2)} = \frac{q}{N_2} = \frac{1}{16}$$
$$\pi_3^{(2)} = \frac{q}{N_3} = \frac{1}{24}; \pi_4^{(2)} = \frac{q}{N_4} = \frac{1}{36}$$

d) $\pi_1 = \pi_1^{(1)} \pi_1^{(2)} = \pi_2 = \pi_2^{(1)} \pi_2^{(2)}$
$= \pi_3 = \pi_3^{(1)} \pi_3^{(2)} = \pi_4 = \pi_4^{(1)} \pi_4^{(2)} = \frac{1}{80}$

e) Da alle Studenten die gleiche Inklusionswahrscheinlichkeit haben und beide Stichproben gleich groß sind, kann ungewichtet gemittelt werden:
$\hat{\mu} = 0.5 \cdot (\mathrm{M}(X,S)_{FB1} + \mathrm{M}(X,S)_{FB4}) = 110$

**4.** a) $L(\lambda) = \prod_{i=1}^{n} \lambda \mathrm{e}^{-\lambda x_i}$, $\log L(\lambda) = \sum_{i=1}^{n} (\log \lambda - \lambda x_i)$
$\frac{\partial \log L(\lambda)}{\partial \lambda} = \sum_{i=1}^{n} \left( \frac{1}{\lambda} - x_i \right) = 0$, $\hat{\lambda} = \frac{1}{\bar{x}}$

b) $F(x) = \int_0^x \mathrm{e}^{-u}\, \mathrm{d}u = -\mathrm{e}^{-u}|_0^x = -\mathrm{e}^{-x} - (-\mathrm{e}^{-0})$
$= -\mathrm{e}^{-x} + 1 = 1 - \mathrm{e}^{-0.7} = 0.50341$

## Klausur 3

**1.** a) $\mathcal{L}(\pi) = \prod_{i=1}^{n} \pi^{(d_{i1}+d_{i2}+d_{i3}+d_{i4})} \left(\frac{1-4\pi}{2}\right)^{(d_{i5}+d_{i6})}$

b) mit $d_{ij} = 1$ falls $i = j$, 0 sonst

$$\log(\mathcal{L}(\pi)) = \sum_{i=1}^{n}(d_{i1}+d_{i2}+d_{i3}+d_{i4})\log(\pi)$$
$$+ (d_{i5}+d_{i6})\log\left(\frac{1-4\pi}{2}\right)$$
$$= s_{14}\log(\pi) + s_{56}\log(0.5-2\pi)$$

$$s_{14} = \sum_{i=1}^{n}(d_{i1}+d_{i2}+d_{i3}+d_{i4})$$

$$s_{56} = \sum_{i=1}^{n}(d_{i5}+d_{i6})$$

$\frac{\partial \mathcal{L}(\pi)}{\partial \pi} = s_{14}\frac{1}{\pi} + s_{56}\frac{-2}{0.5-2\pi}$

c) $\pi = \frac{0.25}{\frac{s_{56}}{s_{14}}+1}$

**2.** a) $P(S_6 = 3) = 0.25749$

b) $P(S_6 = 0) + P(S_6 = 1) = 0.03059$

c) $1 - P(S_6 = 0) = 0.99722$

d) $P(S_6 = 3) = 0.25749$

e) $P(X_1 = 1, X_2 = 1, X_3 = 1) = 0.018$

**3.** a) $P(Y = 3) = 0.077271$

b) $P(Y = 2) = 0.13971$

c) $p = 0.5$; Die Nullhypothese $\beta_3 = 0$ würde bei allen üblichen Signifikanzniveaus beibehalten werden. D.h. man würde die Hypothese, dass es keinen Interaktionseffekt zwischen Geschlecht und Region gibt nicht verwerfen.

**4.** a) $E(Y \mid X = 1) = 1.34$, $E(Y \mid X = 3) = 4.46$,
$E(Y \mid X = 4) = 6.02$

b) $d_{LS}(\alpha, \beta) = 0.004133$

c) $d_{LS}(\alpha, \beta)$ misst die Summe der quadrierten Abweichungen der bedingten Mittelwerte von den bedingten Erwartungswerten.

d) $d^*_{LS}(\alpha, \beta) = 1.1708$

e) $d^*_{LS}(\alpha, \beta)$ misst die Summe der quadrierten Abweichungen der individuellen Merkmalswerte von den bedingten Erwartungswerten.

f) $d^*_{LS}(\alpha, \beta) - d_{LS}(\alpha, \beta) = 1.1667$

g) Diese Differenz misst die gesamte Varianz der Merkmalswerte um die bedingten Erwartungswerte abzüglich der Varianz der bedingten Mittelwerte um die bedingten Erwartungswerte, d.h. die Varianz um die bedingten Mittelwerte.

$$d^*_{LS}(\alpha, \beta) - d_{LS}(\alpha, \beta) = \sum_{i=1}^{n} V(Y \mid X = x_i)$$

## Klausur 4

**1.** a)

| $x_1$ | $x_2$ | $\|X_1 - 0.5\,X_2\|$ |
|---|---|---|
| 1 | 1 | 0.5 |
| 1 | 2 | 0 |
| 1 | 3 | 0.5 |
| 2 | 1 | 1.5 |
| 2 | 2 | 1 |
| 2 | 3 | 0.5 |
| 3 | 1 | 2.5 |
| 3 | 2 | 2 |
| 3 | 3 | 1.5 |

| $y$ | $P(Y = y)$ |
|---|---|
| 0 | 1/9 |
| 0.5 | 3/9 |
| 1 | 1/9 |
| 1.5 | 2/9 |
| 2 | 1/9 |
| 2.5 | 1/9 |

b) $E(Y) = 1.1111$

c) $Var(Y) = 0.59879$

**2.** a) $E[M(X,S)] = 0.625$, $Var[M(X,S)] = 0.0010417$

b) $P(0.56174 \leq M(X,S) \leq 0.68826)$

c) $[0.51324;\ 0.64231]$

d) $-1.4631$. Bei dem üblichen Signifikanzniveau $\alpha = 0.05$ würde die Nullhypothese beibehalten werden.

**3.** a) $\pi_1 = 1$; $\pi_2 = 0.9$; $\pi_3 = 0.7$; $\pi_4 = 0.4$

b) $M(X) = 7.5$

c) $M(X;\ s_1) = 2.5119$, $M(X;\ s_2) = 14.833$, $M(X;\ s_3) = 15.429$

d) $E[M(X;\ S)] = 7.5$

**4.** a) $\hat{\beta} = 1.439$, $\hat{\alpha} = 0.219\,51$

b) $E(Y \mid X = 1) = 1.6585$, $E(Y \mid X = 3) = 4.5366$,
$E(Y \mid X = 4) = 5.9756$

c) $d_{LS}(\alpha, \beta) = 0.004065$

d) $d_{LS}(\alpha, \beta)$ misst den mittleren quadratischen Abstand von bedingten Mittelwerten und Regressionswerten. Je kleiner $d_{LS}(\alpha, \beta)$, desto besser werden die bedingten Mittelwerte durch die Regressionswerte repräsentiert.

Lösungshinweise 225

**Klausur 5**

1. a) $\pi = P(X = 1) = \frac{R}{R+W}$

   b) $P(X_1 = r, X_2 = w, X_3 = w) = \pi(1-\pi)(1-\pi)$

   c) $\pi_A = 0.4$, $W_A = 0.144$

   d) $\pi_B = \frac{1}{3}$, $W_B = 0.14815$

   e) $W_A/W_B = 0.97199$

   f) Urne B gibt der Stichprobe $r, w, w$ eine geringfügig höhere Wahrscheinlichkeit des Auftretens als A. Daher würde man sich für B entscheiden (Maximum-Likelihood-Prinzip).

   g) Maximum Likelihood Prinzip: Man wählt denjenigen Parameter (hier im speziellen Fall diejenige der beiden Kugelurnen), der der aufgretenen Stichprobe die größte Wahrscheinlichkeit des Auftretens gibt.

2. a) $P(X = 6) = \pi = \frac{1}{6}$

   b) 150

   c) $\sigma^2 = 0.13889$

   d) $\sqrt{\frac{\sigma^2}{n}} = 0.012423$

   e) $P\left(0.14232 \leq \widehat{\widehat{\pi}} \leq 0.19102\right)$

   f) $\sqrt{\frac{\sigma^2}{n}} = 0.01333$, $\widehat{\widehat{\pi}} < 0.17387$ und $\widehat{\widehat{\pi}} > 0.22613$

3. a) $P(Y = 0) = 0.4$

   b) $P(Y = 3) = 0.1029$

   c) $\sum_{i=1}^{n} \log(\delta) + y_i \log(1-\delta)$

   d) $\prod_{i=1}^{n} \delta(1-\delta)^{y_i} = 0.002986$

   e) $-5.8138$

f) Der Parameter des Modells wird nun vom Geschlecht und vom Alter abhängig gemacht. Zudem unterscheidet sich der Effekt des Alters auf den Parameter für Männer und Frauen. Dies erscheint ökonomisch sinnvoll, da Frauen und Männer sowohl insgesamt als auch in unterschiedlichen Lebensaltern in unterschiedlichem Maße Ärzte aufsuchen (müssen).

g) Wenn für die drei Modellparameter $\beta_1 = \beta_2 = \beta_3 = 0$ gelten würde. D.h. sowohl Geschlecht als auch Alter hätten keinen Einfluss auf die W. eines Arztbesuches.

h) $\delta = 0.25$, $P(Y = 2) = 0.14063$

**4.** a) $M(Y|X = 1) = 2$, $M(Y|X = 5) = 4$, $M(Y|X = 6) = 9$

b) $\hat{\alpha} = 0.38617$

c) $E(Y|X = 1) = 1.4654$, $E(Y|X = 5) = 5.7822$, $E(Y|X = 6) = 6.8614$

d) $M(Y|X = x_1) - g(x_1) = 0.5346$,
$M(Y|X = x_4) - g(x_4) = -1.7822$,
$M(Y|X = x_6) - g(x_6) = 2.1386$

e) $d_{LS}(\theta) = 19.248$

Lösungshinweise 227

## Klausur 6

**1.** a) $P(X = 1) = 0.5$, $P(X = 4) = 0.35$, $P(X = 9) = 0.15$, $P(X < 6) = 0.85$, $P(X \geq 2) = 0.5$

b) $E(X) = 3.25$

c) $Var(X) = 7.6875$

d) $E(Y) = 1.65$

e) $Var(Y) = 0.5275$

**2.** a) $x_i$ und $\pi_i$ sind fix, $I_i(S)$ ist eine Zufallsvariable.

b) $I_i(S) = 1$ wenn $i \in S$, sonst 0

c) $I_i(s_1) = 1$, $I_i(s_2) = 0$

d) $\pi_i = \frac{n}{N}$

e) $E(I_i(S)) = \frac{n}{N}$

f)
$$E\left[M(X;S)\right] = E\left[\frac{1}{n}\sum_{i=1}^{N} x_i\, I_i(S)\right]$$
$$= \frac{1}{n}\sum_{i=1}^{N} x_i\, E\left[I_i(S)\right] = \frac{1}{n}\sum_{i=1}^{N} x_i\, \frac{n}{N}$$
$$= \frac{1}{N}\sum_{i=1}^{N} x_i = M(X)$$

**3.** a) $M(Y|X=1) = 2$, $M(Y|X=5) = 4$, $M(Y|X=6) = 9$

b) $V(Y|X=1) = 0$, $V(Y|X=5) = \frac{2}{3}$, $V(Y|X=6) = 1$

c) $\hat{\beta} = 1.0792$, $\hat{\alpha} = 0.38614$

d) $d^*_{LS}(\theta) = d_{LS}(\theta) + \sum_{i=1}^{n} V(Y|X=x_i)$, $23.248 = 19.248 + 4$

**4.** a) $\prod_{i=1}^{n} \delta(1-\delta)^{y_i} = 0.0033178$

b) $-5.7085$

c) $\delta = \beta_0 + \beta_2 X_2$

d) $\delta = (\beta_0 + \beta_1) + (\beta_2 + \beta_3) X_2$

e) $\delta = 0.19$

f) $P(Y=3) = 0.10097$

g) $\delta = 0.23$

h) $P(Y=2) = 0.13637$

# Literaturangaben

ADM (Hg.) (1999). Stichproben-Verfahren in der Umfrageforschung: eine Darstellung für die Praxis. Hrsg. ADM Arbeitskreis Deutscher Markt- und Sozialforschungsinstitute e.V. und AG.MA Arbeitsgemeinschaft Media-Analyse e.V. Opladen: Leske + Budrich.

Behr, A. (2015). Theory of Sample Surveys with R. UTB Verlag.

Behr, A. (2017). Grundwissen Deskriptive Statistik. Konstanz: UVK.

Behr, A., Pötter, U. (2011). Einführung in die Statistik mit R. München: Verlag Franz Vahlen.

Casella, G., Berger, R.L. (2008). Statistical Inference. Second Edition. Pacivic Grove: Duxbury.

Fisz, M. (1976). Wahrscheinlichkeitsrechnung und mathematische Statistik. Berlin (DDR): Deutscher Verlag der Wissenschaften.

Greene, W.H. (2008). Econometric Analysis. Sixth Edition. New Jersey: Pearson.

Rohwer, G., Pötter, U. 2001. Grundzüge der sozialwissenschaftlichen Statistik. Weinheim: Juventa.

Rohwer, G., Pötter, U. 2002b. Wahrscheinlichkeit. Begriff und Rhetorik in der Sozialforschung. Weinheim: Juventa.

Royall, R.M. (1997). Statistical Evidence. A Likelihood Paradigm. London: Chapman & Hall.

Särndal, C.-E., Swensson, B., Wretman, J. (1992). Model Assisted Survey Sampling. New York: Springer.

Wilks, S.S. (1938). The Large-Sample Distribution of the Likelihood Ratio for Testing Composite Hypotheses. The Annals of Mathematical Statistics 9, 60–62.

# Index

$\chi^2$-Verteilung, 72
$t$-Verteilung, 57

ALLBUS, 108, 111, 124, 134, 138, 148, 153
Anpassungstest, 114
Auswahlverfahren
  einfaches, 85
  geschichtetes, 96
  mehrstufiges, 98
  systematisches, 92
  uneingeschränktes, 85

Bestimmtheitsmas, 177
Binomialkoeffizient, 85
Binomialverteilung, 52

Clusterstichproben, 97
Constraints, 140

Designgewichte, 103
Dichtefunktion, 22

Erwartungswert, 21, 24
  bedingter, 137, 166

Fehler
  erster Art, 67
  zweiter Art, 67

Generalisierungen, 122
Geometrische Verteilung, 22, 109
  Erwartungswert, 22

Gleichverteilung, 19
  stetige, 23
Grundgesamtheit, 82
Gütefunktion, 68

Häufigkeit, 20
Heiratsrate, 154
Horvitz-Thomson-Schätzer, 104
Hypothese
  einfache, 66
  statistische, 66
  zusammengesetzte, 69, 76

Indikatorvariable, 88
Inklusionsvariable, 86
Inklusionswahrscheinlichkeit, 84
Interaktionseffekte, 127
Inversionsmethode, 27
Irrtumswahrscheinlichkeit, 66

Kohorte, 125
Konfidenzintervall, 58, 70, 90
Konfidenzniveau, 58
Kritischer Bereich, 66
Kullback-Leibler-Abstand, 110

Likelihood-Ratio-Test, 71, 72, 115, 140
  Beispiel, 73
  Stichprobenumfang, 75
  Teststatistik, 72
  zusammengesetzte

Hypothese, 76
Likelihoodfunktion, 36, 41
Logitfunktion, 124
Logitmodell, 123
  multinomiales, 139
Loglikelihoodfunktion, 37
Lognormalverteilung, 112, 148
LS-Methode, 166, 167
LS-Schatzfunktion, 170

Maximum-Likelihood-Methode, 36
  Interpretation, 110
Methode der kleinsten Quadrate, 167
Mittelwert
  bedingter, 179
ML-Schätzfunktion, 51
Multinomiales Logitmodell, 139

Normalverteilung, 24, 41
Nullhypothese, 66, 71

p-Wert, 130
Pearsons $\chi^2$-Test, 116
PPS-Design, 99

reellen Zahlen, 22
Regressionsfunktion, 123
Regressionsmodell, 122
  deskriptives, 122
  probabilistisches, 122
Regressorvariable, 123
Residuen, 170

Saturiertes Modell, 42, 115, 139

Schätzfunktion, 50, 86
  erwartungstreue, 51, 87
  für Anteilswerte, 88
  für Mittelwerte, 87
  für Varianzen, 89
Sicherheitswahrscheinlichkeit, 66
Signifikanztest, 66, 70
Standardabweichung, 21
Standardfehler, 88, 130, 172
Standardisierung, 25
Statistische Hypothese, 66
Stichprobe, 82
  geplante, 100
  realisierte, 100
Stichprobenausfälle, 99
Stichprobendesign, 83
Stichprobenfunktionen, 35
Stichprobengewichte
  Designgewichte, 103
Stichprobenraum, 35
Stichprobenvariablen, 34
Survivorfunktion, 156

Test
  Gutefunktion, 68
  kritischer Bereich, 66
  Likelihood-Ratio-, 71
  Signifikanz-, 66
Teststatistik, 66

Unabhängige Wiederholungen, 34
Urnenmodell, 18

Variable
  binäre, 19
  deskriptive, 18, 82
  polytome, 19
  Zufalls-, 18

Varianz, 21, 24
    bedingte, 168, 179
Verteilung
    bedingte, 100, 117, 123
    theoretische, 108
    zusammengesetzte, 117
Verteilungsannahmen, 42
Verteilungsfunktion, 21

Wahrscheinlichkeit, 19
    vs. Häufigkeit, 20
Wahrscheinlichkeitsfunktion,
        21

Zensierte Beobachtungen, 154
Ziehungswahrscheinlichkeit, 85
Zufallsgenerator
    algorithmisch, 26
Zufallsstichprobe, 82, 84
Zufallsvariable, 18
    diskrete, 23
    Notation, 19
    stetige, 23
Zufallszahlen, 26

## BUCHTIPP

**Andreas Behr**

# Grundwissen Deskriptive Statistik

mit Aufgaben, Klausuren und Lösungen

3., überarbeitete und erweiterte Auflage 2023, 276 Seiten
€[D] 24,90
**ISBN** 978-3-8252-6175-7
**eISBN** 978-3-8385-6175-2

**Mit R-Code!**
Kenntnisse der Deskriptiven Statistik gehören für Studierende der Wirtschafts- und Sozialwissenschaften zum wichtigen Handwerkszeug.
Auf kompakte Art und Weise stellt diese 3., überarbeitete und erweiterte Auflage die relevanten Fachtermini vor und vermittelt das Wichtigste zur Verteilung, Kerndichteschätzung, zu Maßzahlen sowie zur Korrelations- und Regressionsrechnung. Auch auf Konzentrationsmessung sowie Preis- und Mengenindizes geht sie ein. Übungen mit Lösungen, neue Musterklausuren und ein Formelteil unterstützen das Lernen.
Der ideale Einstieg in das Thema für Studierende der Wirtschafts- und Sozialwissenschaften.

**Narr Francke Attempto Verlag GmbH + Co. KG** \ Dischingerweg 5 \ 72070 Tübingen \ Germany
Tel. +49 (0)7071 97 97 0 \ Fax +49 (0)7071 97 97 11 \ info@narr.de \ www.narr.de

**BUCHTIPP**

**Wolfgang Ortmanns, Ralph Sonntag**

# Umfragen erstellen und auswerten

kompakt und leicht verständlich für Studierende und junge Forschende

1. Auflage 2023, 140 Seiten
€[D] 34,90
**ISBN** 978-3-7398-3241-8
**eISBN** 978-3-7398-8241-3

**Idealer Ratgeber für Haus-, Bachelor- und Masterarbeiten**
Bei Haus-, Bachelor- und Masterarbeiten ist die Umfrage eine beliebte Forschungsmethode. Wolfgang Ortmanns und Ralph Sonntag vermitteln dazu alles Wissenswerte – angefangen von den Rahmenbedingungen, den Fragetypen bis hin zum Umfrageaufbau und der Stichprobenauswahl. Wichtiges statistisches Know-how vermitteln sie zudem, u.a. wichtige Testverfahren und die Korrelationsanalyse.

Das Buch richtet sich an Studierende und junge Forschende aus den Bereichen der Wirtschafts- und Sozialwissenschaften.

Gefördert vom Konsortium der sächsischen Hochschulbibliotheken.

**UVK Verlag – Ein Unternehmen der Narr Francke Attempto Verlag GmbH + Co. KG**
Dischingerweg 5 \ 72070 Tübingen \ Germany
Tel. +49 (0)7071 97 97 0 \ Fax +49 (0)7071 97 97 11 \ info@narr.de \ www.narr.de